김선호 지음

초등생의 진짜 속마음

**엄마들이 보는
아이의 모습은
어디까지
진실일까**

한겨레출판

양육자가 힘들어하는 것을 보면서
어떻게 양육자를 기쁘게 해줄 것인가 고민한 아이는
커서도 정서적으로 힘든 사람을 만나
그 사람이 자신으로 인해 기뻐하는 것을 보기 위해
인간관계를 맺는다.

문요한, 《관계를 읽는 시간》 중에서

관계를 읽는 시간

엄마 나이 마흔 즈음, 아이 나이 열 살이 됩니다. 사실 이 책은 마흔 즈음이 된 초등 학부모들을 위해 쓴 책입니다. 엄마들은 잘 모릅니다. 처음으로 맞이하는 가장 고독한 기간입니다. 30대에는 그나마 마음껏 어린 자녀에게 애착이라도 할 수 있었습니다. 그러나 초등 자녀가 10대가 되는 순간부터 애착에 삐걱거리는 소리가 들립니다. 아이들은 분리를 원합니다. 사춘기가 초등 시기로 앞당겨지면서 부모와의 관계에서도 좀 더 일찍 분리를 원합니다. 엄마들은 갑작스러운 아이의 변화에 어찌 적응해야 할지 모른 채 화도 나고 우울하기도 하고 짜증도 납니다. 며칠은 좋은 엄마가 되겠다고 다짐도 해보지만 그리 오래가지 못하는 모습에 자책하게 됩니다. 먼저 엄마들에게 위로의 말씀을 드립니다.

　초등 자녀의 진짜 속마음은 이제 집에 없습니다. 오히려 학교에 더 많이 있습니다. 아이들은 진짜 타인을 만나고 싶어 합니다. 좀 더 정확히 표현하면, 가족을 넘어선 사람들과 관계 맺기를 원합니다. 그들의 강한 욕구는 '절친'이라는 이름으로 서로를 구속합니다. 그 구속 기간이 끝나면 남친, 여친이라는 이름으로 새로운 '1일'을 시작합니다. 40대 엄마가 생각만으로는 감당하기 어려운 시기입니다.

　이 책에 등장하는 아이들은 엄마 입장에서 '남의 집 아이들'이었으면 하는 친구들입니다. 6학년이 되면 '여친'이 생겼으면 좋겠다는 아이, 엄마에게 복수하고 싶어 하는 아이, 화창하고 소풍 가기 딱 좋은 날 죽고 싶다는 아이, 엄마가 사라져버렸으면 좋겠다는 아이…. 이 아이들 앞에서 마흔의 무게감은 더없이 초라해집니다. 남의 집 아이들이 아니기 때문입니다.

　아이들의 세계는 우리가 이해하기 위해 존재하지 않습니다. 아이들은 그냥 그들만의 세계에서 그들이 존재하고 싶은 대로 있습니다. 그 제멋대로인 듯한 세계를 엿볼 수 있는 공간을 마련하고자 이 책을 집필했습니다. 그 세계를 엿보는 이유는 어떻게 그 아이들을 떠나보낼 수 있을지 감을 잡기 위해서입니다.

　앞서 위로의 말씀을 드렸지만, 이 책의 궁극적인 목적은 위로가 아닙니다. 개인적으로 초등 학부모님들이 더욱 고독해지시길 바랍니다. 어중간한 외로움이 자녀와의 애착을 집착으로 만듭니다. 엄마가 철저히 외로워지기를 선택해야 자녀와의 정서적 분리도 성공할 수 있습니다. 철저히 외로워진다는 건, 우리 아이에게 엄마의 그 어떤 작은 욕망도 전이하지 않겠다는 강한 몸부림입니다.

'아이들의 진짜 속마음'이란 엄마의 욕망에서 분리된 진짜 '자아 욕망'을 의미합니다. 그 속마음을 알아채지 못하면, 결국 외로워지는 건 아이들 몫이 됩니다. 아이 자신의 자아 욕망을 감춘 채 어른이 되는 것만큼 비극적인 일은 없습니다. 그런 비극의 주인공들이 성인이 되어 또다시 자녀에게 이런 말을 합니다.

"이게 다 너희 좋으라고 그러는 거야."

더 이상 이런 거짓말을 하지 않아도 되는 날이 오기를 바랍니다. 아이를 위한다며 한 일들은 그저 엄마의 욕망을 채우고자 한 일이었을 뿐입니다. 진실은 감춰지지 않습니다.

아이들의 진짜 욕망이 숨 쉬는 교실에서
김선호

목차

프롤로그 :: 관계를 읽는 시간 • 5

1부
아이의 진짜 욕망 vs 엄마의 숨은 욕망

아파트에서 뛰어내리기 좋은 날 • 13   사라져버려야 할 대상 1호 • 17   화장실은 답을 알고 있다 • 22   자기 욕망을 아는 아이 • 28   "6학년 땐 여친이 생기면 좋겠어요" • 33   화장하는 아이들 • 38   '나르시시즘' 아이들 • 44   복수를 꿈꾸는 아이들 • 50   초등학생이 싫어하는 선물은? • 54   교실 화분을 치울 수 없는 이유 • 59

2부
자존감이 높은 아이 vs 자기애가 강한 아이

나보다 더 걱정되는 대상이 있다는 것 • 67   안전한 아이가 가장 무력하다 • 72   아무것도 하지 않고 가만히 바라보기 • 77   자존감이 사라지는 시대 • 83   우리 아이를 알아차리는 가장 빠른 방법 • 89   "무서운 이야기 해주세요" • 94   "영어가 더 편해서요" • 99   선택받는 아이들의 기준 • 105   그리움 선물하기 • 111

3부
득이 되는 관심 vs 독이 되는 관심

엄마 나이 마흔 즈음 • 119   "우리 아이 상장 좀 주세요" • 124   엄마는 '평가 대상'이 아니다 • 129   행복은 합리적이지 않다 • 134   "자존감을 양보하지 마세요" • 139   심리적 독립을 꿈꾸게 하다 • 145   엄마 말고 어른 되기 • 150   엄마 결정 장애 극복하기 • 156

4부
초등 학부모가 알아야 할 12가지 이야기

초등 시기, 아빠 역할 • 165   초등학생 스마트폰 • 173   초등 공부력 • 181   절친 • 189   초등 자녀 이성 교제 • 196   배움이 느린 아이 • 204   적절한 보상 • 211   혼자 노는 아이 • 218   초등학생 생일 파티 • 226   초등학생 둔감성 기르기 • 234   리더십 있는 아이들 • 241   초등 또래 집단 • 249

아이의 진짜 욕망
vs 엄마의 숨은 욕망

아파트에서
뛰어내리기 좋은 날

간밤, 오랜만에 비가 내렸습니다. 그리고 햇살이 고개를 듭니다. 미세먼지 없이 화창합니다. 수업을 뒤로하고 학생들과 소풍 가고 싶다는 생각이 듭니다. 아이들도 학교 운동장 놀이터에서 놀게 해달라고 조릅니다. 누가 봐도 밖에서 놀고 싶은 그런 날입니다. 이런 날이면 저도 모르게 마음 한구석 무거운 기억이 고개를 듭니다. 그날의 긴장된 기억이 제게는 어느새 작은 트라우마로 자리하고 있습니다.

모든 것이 완벽하며 화창한 날이었습니다. 교실 아이들은 재잘거리고, 싸우는 아이도 없이 서로 옹기종기 모여 즐겁게 지내던 날이었습니다. 안타깝지만 그런 날은 1년에 며칠 되지 않습니다. 그렇게 행복한 날이면, 저는 아이들에게 빈 종이를 나누어주고 설문을 받습니다. 설문은 반드시 점심시간에 받습니다.

"고민이 있다면, 하나만 쓰세요."

아이들은 원망의 한숨을 내뱉습니다. 꼭 무슨 달밤에 승냥이 우는 소리처럼 길게 빼면서 말합니다.

"아~ 아~ 선생님~ 점심시간인데… 갑자기 뭔 고민을 적어요~ 나가 놀아야죠."

아이들의 긴 원망을 못 들은 척 대꾸해줍니다.

"고민을 적어야 운동장에 나가 놀 수 있어."

점심시간은 아이들에게 황금보다 귀한 시간입니다. 밥 먹는 시간도 아까워 대충 먹고 운동장의 놀기 좋은 자리를 차지하려 뛰어나가는 아이들에게, 그것도 이렇게 놀기 좋은 날, 무언가 적고 나가라는 건 여간 귀찮은 일이 아닙니다. 그래서 많은 아이들이 엄청 빨리 고민을 적어놓고 나갑니다. 교탁 위에 설문지를 던지고는 뒤도 안 돌아보고 운동장을 향해 뜁니다. 대부분 이렇게 씁니다.

'고민 없음'

'고민 ×'

아이들이 하교한 뒤, 햇살 가득한 빈 교실에서 커피 한잔 마시며 아이들의 고민을 읽어 내려갑니다. 대부분 '고민 없음'이라고 적어놓은 쪽지를 보며 혼자 좋아합니다.

"음~ 우리 반 아이들은 행복해. 고민이 없어."

간간이 고민을 적어놓은 아이들이 있는데, 그럴 땐 학생수첩에

메모해놓고 기회가 될 때 꼭 그 아이에게 피드백을 해줍니다. 그 귀한 점심시간에 적어놓고 나간 고민이라면, 아무리 사소한 것이라도 꼭 한번 되짚어주는 성의가 필요합니다. 그렇게 고민 쪽지를 넘기는데 한 줄의 문구가 눈에 들어왔습니다.

"아파트에서 뛰어내리고 싶다."

그 문구를 읽는 순간 손에 들고 있던 커피 향기는 흙먼지 냄새로 바뀌고, 햇살 가득한 교실이 회색빛으로 바뀌었습니다. 쪽지를 들고 있던 손은 부들부들 떨리고, 뭘 어떻게 해야 할지 몰라 당황한 채 빈 교실을 몽유병 환자처럼 왔다갔다했습니다. 정신을 차리고 민수 어머니께 전화를 드렸습니다. 상황을 말씀드렸더니 지금 민수가 학원에 가 있을 시간이라고 했습니다. 민수 어머니께 만사 제쳐놓고 학원으로 무조건 달려가시라 했습니다. 워킹맘이었던 민수 어머니는 약간 난처한 목소리로 대답하셨지요.

"그냥 장난 아닐까요?"

저는 단호하게 말씀드렸습니다.

"장난이었어도 무조건 달려가주셔야 합니다. 그리고 학원 수업 도중에 그냥 데리고 나오세요. 먹고 싶은 거 사 주시고, 갖고 싶은 거 사 주세요. 오늘은 무조건 그렇게 해주셔야 합니다."

민수 어머니 말씀대로 장난일 수도 있습니다. 하지만 아무리 장난이었어도 자신의 존재를 스스로 없애버리고 싶다는 표현에 아무런 응답이 없다면 아이는 자기도 모르게 깊은 외로움에 빠질 겁니다. 내가 죽고 싶다고 표현했는데 세상은 어제, 오늘, 그리고 내일도 아무런 변화가 없다면 자신의 존재 가치에 의심을 품게 됩니다. 세상이 바뀌는 정도까지는 아니어도 뭔가 내 주변이 흔들리는 정도의 외부 반응이 있어주어야 합니다.

다행히 민수 어머니는 일찍 퇴근해서 민수를 데리러 가셨습니다. 그리고 먹고 싶어 한 피자도 사 주고 갖고 싶어 한 운동화도 사 주었습니다. 민수는 자신의 한 줄 글귀에 어머니가 달려와 학원 수업 도중에 데리고 나간 사실만으로 자신의 존재 가치가 얼마나 소중한지를 느꼈습니다.

다음 날, 민수를 조용히 따로 불러 물어보았습니다. 그리고 그 고민이 적힌 쪽지를 보여주며 대답을 기다렸습니다. 민수는 고개를 숙인 채 한마디만 했습니다.

"그냥요."

그냥 아파트에서 뛰어내리고 싶다는 그 말을 어른은 이해할 수 없습니다. 어른이 해줄 수 있는 것은 그런 표현을 했을 때 달려가주는 겁니다. 그 행위만으로도 아이들은 자신의 존재 가치를 읽습니다. 자존감은 누군가 나를 향해 달려왔던 기억만으로 충분히 채워집니다.

사라져버려야 할 대상 1호

"I C8"

몇 년 전이었습니다. 6학년 담임이 된 첫날 등 뒤에서 들린 소리였습니다. 담임 소개를 하려고 제 이름을 막 칠판에 쓰던 중이었습니다. 아직 김金 자도 다 쓰지 못했는데, 갑자기 시원스럽게 욕하는 소리가 들렸습니다. 수업 첫날, 첫 순간, 욕하는 소리를 듣고 고개를 돌리며 이렇게 제 소개를 했습니다.

"누구야!"

민우였습니다. 원래 그런 아이가 아니었는데 고학년이 되면서 입에 욕을 달고 살았습니다. 어떤 말을 하든지 'C'라는 알파벳을 맨 앞에 붙이고 시작했습니다. 쉬는 시간에도, 수업 시간에도, 담임이 있든 없든 한결같았습니다. 하루라도 민우의 욕설을 듣지 않으면 개운하지 않을 정도로 모두가 민우의 욕에 적응해갔습니다.

국어 시간이었습니다. 이상했습니다. 폭풍 전 고요처럼 정말 조용했습니다. 저는 교탁 앞에서 열심히 수업하고 있었습니다. 처음에는 아이들이 너무 집중을 잘해서 그렇다고 생각했습니다. 하지만 그래도 뭔가 달랐습니다. 잠시 후 알게 되었습니다. 그날따라 민우가 너무 조용했습니다. 벌써 구수하게 욕 한 사발 던질 시간이 지났는데도 민우는 고개를 숙이고 있었습니다. 자는가 싶었는데 자세히 보니 국어책에 무언가를 열심히 적고 있었습니다.

글쓰기 시간이 아니었기에 그렇게 책에다 무언가 적고 있을 필요가 없었습니다. 그럼에도 민우는 손가락에 힘을 주며 쓰고 있었습니다. 궁금했습니다. 우리 민우가 무슨 글을 이토록 열심히 적고 있는지 보고 싶었습니다. 교탁을 떠나 천천히 민우 쪽으로 다가갔습니다. 입으로는 국어 수업을 하고 있었지만, 저의 발걸음은 민우를 향했습니다. 한두 발 정도만 더 가면 볼 수 있었습니다. 하지만 민우는 저의 의도를 알아챘는지, 국어책을 확 덮어버렸습니다.

대한민국의 초등교사 권위가 이전보다는 못하지만, 그래도 아직 살아 있습니다. 어디 수업 중에 딴짓이냐며 책을 빼앗아 볼 수도 있었습니다. 하지만 모르는 척 지나갔습니다. 그러지 않고 민우의 책을 강압적으로 가져가면 수습하기 어려운 일이 벌어집니다. 민우와 저는 라포rapport, 공감대를 형성할 수 없게 됩니다. 견디고 기다려야 했습니다.

음악 시간이 되었습니다. 요즘 음악, 미술, 체육은 대부분 전담 교과 선생님이 따로 있습니다. 아이들을 음악실에 보내놓고 교실로 돌아왔습니다. 교실에는 아무도 없습니다. 경건한 마음으로 민우의 책상 앞에 섭니다. 미안하지만 알아야 한다고 혼잣말로 중얼거렸습니다. 서랍에서 국어책을 꺼내 펼쳐보았습니다. 별거 없었습니다. '씨 ○○, 개○○' 같은 욕들이 한가득 적혀 있었습니다. 그걸 보는 순간 그냥 씨익 웃었습니다. 늘 있는 일이지 별일 아니었습니다. 그리고 책을 덮는데, 뭔가 이상한 생각이 들었습니다.

'왜 힘들게 국어책에 욕을 쓰고 있었지?'

그냥 평소처럼 말로 욕하면 될 것을 민우는 힘들게 적어놓았습니다. 설마 하는 마음에 다시 국어책을 꺼내 다음 장을 보았습니다. 이렇게 적혀 있었습니다.

"엄마가 사라져버렸으면 좋겠다."

국어책에 적은 그 많은 욕들은 엄마를 향한 말이었습니다. 그나마 선생님이 사라져버렸으면 좋겠다고 적어놓지 않아 다행이었습니다. 담임하고는 관계 개선의 여지가 있었던 거지요.

몇 개월 후, 민우가 면담 신청을 했습니다. 엄마에 대한 면담은 아니었고 친구들과의 관계에 대한 것이었습니다. 하지만 기회를 놓칠 수 없었습니다. 면담이 끝날 즈음 넌지시 엄마에 대해 물었습니다. 단순한 물음이었지만, 민우는 얼굴을 붉힐 정도로 엄마에 대한 온갖 불만을 쏟아냈습니다. 요지는 간단했습니다. 엄마랑 자주 싸우는데 한 번도 이긴 적이 없어 화가 난다는 거였습니다. 분명 자기가 옳은 건데도 진다고 했습니다. 결론은 늘 똑같다고 했습니다. 엄마의 강한 한마디에 아무 말도 못 한다는 겁니다.

"그렇게 대들면 휴대폰 가져간다."

그 순간 매번 싸움에서 진다고 했습니다. 민우에게 이야기해주었습니다.

"넌 앞으로 엄마랑 싸울 때마다 계속 질 거야. 힘이 없잖아. 그러니까 앞으로는 싸우지 말고 그냥 방으로 들어가버려. 적어도 싸우지 않으면 지지는 않거든. 맨날 싸우다 지는 것보단 그냥 비긴 채로 견뎌. 한 3년 정도 버티면 중3이 될 거야. 그럼 편의점 가서 고등학생이라고 하고 알바를 시작해. 그리고 4년 동안 열심히 돈을 모아. 고등학교 졸업하면 작은 원룸 보증금 정도는 될 테니까 그때 집을 나가. 그럼 그때부터 네가 이기는 거야."

그때 민우는 처음으로 제게 욕 대신 이런 말을 해주었습니다.

"선생님, 감사합니다."

그리고 민우는 졸업했습니다. 민우에 대해서 너무 염려하지 않으셔도 됩니다. 민우는 어느새 대학생이 되었고, 아직 엄마 집에서 잘 살고 있습니다.

아이들의 주체성은 유년기의 애착을 통해 시작되고 사춘기의 분리를 통해 완성됩니다. 최종 목적지는 독립입니다. 아이들이 엄마를 사라지게 하고 싶을 만큼 강하게 저항하는 이유가 있습니다. 부모와 분리되어야 온전히 자신이 주인이 되어 살아갈 수 있다는 것을 무의식적으로 알기 때문입니다. 단지 어떻게 분리 과정을 거쳐야 하는지를 모를 뿐입니다. 부모도 모르는 건 마찬가지입니다. 그래서 서로에게 상처 주는 말들을 주고받습니다.

아이들이 방으로 들어가 문을 닫아버리는 순간, 그 시간과 공간을 지켜주어야 합니다. 문을 부술 듯 쳐들어가 큰소리치며 화내는 순간 더 이상 아이들이 견딜 여지가 없어집니다. 아이에게 사라져버려야 할 대상 1호가 되지 않기를 바랍니다.

화장실은 답을 알고 있다

"선생님, 화장실에서요~"

학생이 다급하다는 듯 교실 문을 열면서 들어옵니다. 그리고 '화장실'이라고 말합니다. '화장실'이라는 단어가 들리면 그 순간 저도 모르게 자리에서 벌떡 일어납니다. 학교에서 '화장실' 다음에 오는 말들은 대부분 부정적인 일들이기 때문입니다. 과하다 싶을 정도로 신속하게 대처하지 않으면 큰일이 일어날 수도 있습니다. 이렇게 깜짝 놀란 듯이 적극적으로 반응하면 아이들은 자연스럽게 화장실에서 무슨 일이 일어났을 때 빨리 선생님께 알려야겠다고 생각합니다.

"선생님, 화장실에서 건우랑 재우랑 싸워요."

"선생님, 화장실에서 6학년 형들이 찬영이한테 욕하고 있어요."

"선생님, 화장실에 누가 소미 욕을 적어놓았어요."

"선생님, 화장실에서 진호가 창밖으로 휴지를 던지고 있어요."

특히 누가 싸운다는 이야기를 듣고 화장실로 달려가는 그 몇 초 사이 긴장감에 입이 바짝 마릅니다. 화장실은 세면대 때문에 항상 물기가 있고 바닥이 미끄럽습니다. 쉽게 넘어지지요. 좌변기나 세면대 등 넘어지면서 몸을 부딪칠 수 있는 위험 요소가 많습니다. 그런 곳에서 싸우다 잘못하면 대형 사고가 날 확률이 매우 높습니다. 더구나 욱하는 마음에 누구 하나라도 화장실 청소 도구를 들고 휘두르면 치명적인 무기가 됩니다. 화장실로 뛰어 들어갔는데 서로 멱살 잡고 대치하고 있으면 오히려 안도의 한숨을 내쉽니다. 적어도 누군가 넘어진 것도, 무기를 휘두른 것도 아니니까요.

화장실은 어떤 일이 어떻게 일어날지 모르는 학교의 사각지대입니다. 요즘 학교 현장에서는 곳곳에 CCTV가 설치되고 있지만, 화장실에는 설치되어 있지 않습니다. 아이들은 그걸 잘 알고 있습니다. 누군가에 대해 소문을 퍼뜨리거나, 비방하거나, 나쁜 일인지도 모른 채 심한 장난을 합니다. 담임의 시선이 미치지 않는 곳이지요.

한번은 복도를 지나는데 소미가 화장실 앞에서 뭔가 망설이는 듯한 표정으로 서 있었습니다.

"소미야. 뭐 해. 왜 화장실 앞에서 서성이고 있어?"

"아, 아니에요. 선생님."

소미는 제 질문에 답하지 않고 황급히 자리를 떠났습니다. 그리고 불안한 표정으로 교실로 들어갔습니다. 분명 화장실에 들어가지 못한 이유가 있었습니다. 바로 가서 물어볼까 하다가 일단 화장실 앞에서 왔다갔다하면서 누군가 나오기를 기다렸습니다. 소미가 망설이던 이유가 나오기를 기다리는 겁니다. 잠시 후 여학생 두 명이 뭔가 재미있다는 듯이 웃으며 화장실을 나왔습니다. 그중 한 명은 은정이었습니다. 그제야 무슨 일인지 대략 감이 왔습니다.

소미와 은정이는 서로 단짝이었습니다. 그런데 뭔가 문제가 생긴 겁니다. 은정이는 화장실에서 다른 아이와 수다를 떨고 있고, 소미는 화장실 밖에서 서성이고 있다면 불화가 시작되었다는 징표입니다. 기회를 봐서 소미에게 무슨 일인지 물어야 했습니다. 사실 여학생들 사이의 단짝으로 인한 관계 불안은 아주 조심스럽게 다가가야 합니다. 선생님이 내 편이 아닌 다른 아이 편이라는 인식이 심어지는 순간 아이들의 관계 성장은 더욱 어려워지기 때문입니다.

기회가 왔습니다. 다음 날 오전 체육 시간, 소미가 몸이 안 좋다며 보건실에 가고 싶다고 했습니다. 소미를 보건실로 보내고, 체육 선생님이 수업을 진행하는 동안 보건실에 가서 물었습니다.

"소미야. 어제 화장실 앞에서 서성이던 거 은정이 때문 같던데. 맞니?"

소미는 대답이 없었습니다.

"선생님이 보기에… 혹시, 지금 아프다고 보건실 온 것도, 은정이랑 관계가 힘들어서 그냥 여기 온 거 같은데…."

그제야 소미는 그간 힘들었던 감정이 올라왔는지 이야기를 쏟아내기 시작했습니다.

"전 억울해요, 선생님."

"무슨 일이 있었네. 그래. 선생님은 들을 준비가 됐어. 말해봐."

"사실 전 은정이랑 단짝 할 생각은 없었어요. 은정이가 자기랑 똑같은 샤프 주면서 이제부터 단짝 하자고 해서 알겠다고 했을 뿐이라고요. 그때부터 은정이는 제가 다른 애랑 이야기만 해도 막 화를 냈어요. 저는 단짝이라 해도 다른 친구들이랑도 이야기는 할 수 있다고 말했지만 소용없었어요."

"소용이 없었다는 건 무슨 말이지?"

"이런 식으로 단짝 할 거면 샤프 다시 돌려달라고, 그러지 않을 거면 단짝 약속 지키라고 했어요."

"소미는 다른 친구들이랑도 놀고 싶은데 은정이가 샤프 주면서 단짝이라고 화내니까 어찌할 바를 몰랐겠네. 그래서, 샤프는 돌려줬고?"

"제가 샤프를 돌려주니까 이미 헌게 됐다고 새걸 주지 않으면 안 된다고 했어요. 그건 싫다고 했더니 그때부터 친구들한테 제 욕을 하고 다녀요. 제가 단짝 하고 싶어서 샤프만 받고 약속도 지키지 않는 이상한 애라고요."

"그럼 화장실 앞에서 서성이고 있던 것도 은정이가 화장실에서 너에 대해 나쁜 말을 퍼뜨리고 있을 거라 생각해서 그런 거구나."

"네…. 딴 애들이 저를 보면 샤프만 가져가고 친구 안 하는 배신자라고 수군거려요. 은정이가 화장실에서 계속 그런 이야기 퍼뜨릴까 봐 불안해요."

그 뒤 은정이를 따로 불러 자초지종을 듣고 사실 여부를 확인했습니다. 아이들마다 입장 차가 있습니다. 사실관계를 확인한 뒤 샤프는 돌려받고, 더 이상 단짝이라는 이유로 다른 친구들과의 관계까지 막는 일은 하지 않도록 당부했습니다. 화장실에서 소미에 대해 다른 아이들에게 이상한 아이라고 소문내는 것도 멈추게 했습니다. 표면상으로 일단락 지었지만, 그렇다고 둘의 관계가 예전의 친했던 관계로 회복되는 건 아닙니다. 그럴 필요도 없습니다. 아이들도 자신이 좋아하거나 싫어하는 관계를 선택할 수 있습니다. 단지 그 과정에서 옳지 못한 행동을 하는 건 안 된다고 정확히 짚어줘야 합니다. 더 큰 문제는 대부분 이렇게 짚어줘야 하는 시기를 모르고 지나가기 때문에 발생합니다. 이 시기를 놓치면 폭력이나 심한 따돌림으로 연결됩니다.

보통 자녀가 집에 돌아오면 학교에서 어떻게 지냈는지를 물어봅니다. 그리고 교실에서 친구들과 재밌게 놀았냐고 확인합니다. 화장실에서의 일을 물어보는 경우는 거의 없습니다. 가끔은 학교 화장실은 어떠냐고, 그곳에서 아이들 간에 무슨 일이 없는지 물어보시는 것이 좋습니다. 아이가 화장실에서 무슨 일이 있었다고 말한다면 꼭 찬찬히 확인하는 것이 좋습니다. 자녀와 관련되지 않은 다른 아이에 관한 이야기일지라도 확인하셔야 합니다.

아이들은 대부분 자기 일이 아니면 평소에 말하지 않습니다. 그런데 아이들에게 직접 물어보면 다른 아이들의 상황을 알 수 있습니다. 그럴 때는 내 아이와 직접 관련된 것이 아니라고 조용히 지나가지 말고, 담임교사에게 전화를 걸어 알려주는 것이 좋습니다. 화장실에 대해 물었을 때, 원래 용도대로 볼일 보러 가는 일 외에 다른 일이 없었다면 학교생활의 절반은 안심해도 됩니다. 학교 화장실은 모든 것을 알고 있습니다.

자기 욕망을
아는 아이

초등학교 3학년 이상 아이들이 한번 읽으면 푹 빠지는 책이 있습니다. 《윔피 키드》입니다. 어깨가 약간 구부정하고 어딘가 자신감 없어 보이는 인물이 등장합니다. 그려진 자세만 보아도 목소리마저 기운 없을 것 같은 상상이 듭니다. 그의 이름은 '그레그 헤플리'입니다. 일기 형식으로 짜인 이야기와 사건 들은 아이들이 쉽게 몰입되기에 충분합니다. 또한 그 이야기들이 아이들 자신의 일상과 연결됩니다. 그 덕분에 많은 아이들이 자신을 그레그와 동일시할 정도로 《윔피 키드》에 애정을 보입니다. 이 시리즈는 56개국에서 2억 부가 판매되었을 만큼 전 세계 어린이들의 사랑을 받았습니다.

　몇 년 전 《윔피 키드》의 저자 제프 키니가 학교를 방문한 적이 있습니다. 저자가 직접 와서 강연도 하고 사인도 해준다는 말에 아이들은 한 달 전부터 책을 사서 기다렸습니다. 반드시 책에 사인을 받고 싶다며 잠을 설친 아이들 얼굴에 다크서클이 생길 정도였지요.

제프 키니의 강연 날, 그렇게 떠들던 아이들이 외국 작가의 강연을 신기할 정도로 경청했습니다. 《윔피 키드》의 위력을 확인한 순간이었습니다. 제프 키니 저자의 어릴 적 이야기, 어떻게 작가가 되었는지, 어떤 과정으로 주인공 그레그가 탄생했는지 등의 이야기는 아이들을 매료하기에 충분했습니다.

그런데 진행 과정에 약간의 문제가 발생했습니다. 원래는 작가의 강연 및 질의응답 후 사인해주는 순서로 계획되어 있었습니다. 하지만 강연이 예정보다 늦게 시작된 탓에 작가는 질의응답 후 바로 공항으로 떠나야 했습니다. 아쉽지만 사인은 복사본으로 나누어 주기로 하고 제프 키니와 그 일행은 학교를 빠져나가기 위해 무대 뒤편으로 이동했습니다. 이때 학급의 한 여학생이 달려와 울 것 같은 얼굴로 저를 불렀습니다.

"선생님!"

"응. 윤지야."

"저 사인받으려고 일주일 전부터 책 사서 기다렸어요."

윤지가 《윔피 키드》를 얼마나 좋아하는지는 그전부터 알고 있었습니다. 영어 원서를 사서 볼 정도로 좋아하는 아이였습니다. 사인을 받지 못한다면 얼마나 실망이 클지 염려가 되었습니다.

"따라와, 윤지야. 뛰자."

윤지를 데리고 강당 무대 뒤편 대기실로 뛰어갔습니다. 마침 일정을 마친 제프 키니와 통역사 그리고 출판 관계자들이 대기실을 막 떠나려던 순간이었습니다.

"이 아이가 당신을 만나기 위해 책을 사서 일주일을 기다렸습니다. 바쁘신 건 알지만 사인 좀 부탁합니다."

제프 키니는 발걸음을 멈추었고 기쁜 표정으로 사인해주었습니다. 윤지 얼굴에는 기쁨이 가득했습니다. 아마 윤지는 그 책을 평생 간직할 겁니다.

사실 윤지가 사인받고 싶다고 제게 다가와 간절하게 말했을 때, 조금 고민되었습니다. 제프 키니의 바쁜 일정 때문에 사인을 받고 싶어도 받지 못한 다른 300여 명의 아이들이 있었기 때문입니다. 다른 아이들은 제쳐놓고서라도 우리 학급 20여 명의 학생들도 사실 모두 사인을 받고 싶어 했습니다. 결과적으로는 우리 반에서 윤지만 제프 키니의 사인을 받을 수 있었습니다. 누군가 보면 불공정하다고 했을 겁니다. 어떤 기준으로 윤지는 사인을 받을 수 있었냐고 물을 수도 있습니다. 하지만 저는 망설임 없이 윤지를 데리고 뛰었습니다. 이유는 윤지만이 유일하게 사인을 받고 싶은 자신의 간절함을 제게 직접 전달했기 때문입니다.

윤지는 말이 많은 아이가 아닙니다. 조용한 편입니다. 그래도 자신이 무엇을 원하는지 명확하게 아는 아이였습니다. 그 명확함이 타인을 움직이는 힘이 됩니다. 자신의 욕구가 자기 자신으로부터 시작된 아이들은 타인에게 요청할 때 두려워하지 않습니다. 워낙 간절함이 크기에 망설임도 없습니다. 그런 아이들의 눈동자를 보면 늘 즐겁고 기대감이 듭니다. 살아 있는 존재가 느껴집니다.

안타깝지만 많은 아이가 자신이 정말 원하는 것이 무엇인지 잘 모릅니다. 놀이에서 이기는 것에 몰두하지만 놀이 자체를 원하는지 모르는 아이들이 많습니다. 일단 그냥 이기려고 애를 씁니다. 잘해야 한다는 타인의 욕망에 그냥 뒤따라 뛰어가는 모습입니다.

윤지처럼 자신이 원하는 것을 스스로 찾고 뛰어가는 아이들은 눈빛이 다릅니다. 잠을 설쳐서 다크서클이 생겨도 눈동자에는 생기가 가득합니다. 생각지도 못한 변수가 생겨 사인을 못 받는 상황이 되자, 어떻게든 그 상황을 극복하고자 달려옵니다. 형식에 매이거나 굴복하지 않고 결국 타인을 설득해냅니다. 그리고 자신의 원의原意를 채웁니다.

윤지를 졸업시키면서 그 아이의 다가올 삶이 보이는 듯했습니다. 걱정되지 않았습니다. 무슨 일을 마주하든 윤지는 자신의 마음이 움직이는 대로 주체적으로 살아갈 겁니다. 아이가 자신의 원의를 안다는 건 매우 성공적으로 자녀를 교육했다는 표징입니다.

내향적이거나 자신감이 없어 보이는 아이들에게 답답한 마음에 이렇게 말씀하시는 학부모님들이 많습니다.

"말했잖아. 자신 있게 큰 목소리로 말하라고. 답답하게 그러고 있지 말고."

자신이 없어서 그렇게 주눅 들고 답답하게 말이 없는 것이 아닙니다. 아직 무엇을 원하는지 잘 몰라서 그런 겁니다. 아이들이 자신의 욕망이 무엇인지 바라볼 기회부터 주시기 바랍니다. 그러기 위해서는 자기 감정의 흐름에 자유롭게 따라갈 수 있는 환경이 필요합니다. 내가 지금 슬픈 건지, 화난 건지, 기쁜 건지, 외로운 건지, 억울한 건지 그 감정 자체를 표출하고 느껴보는 기회가 있어야 합니다. 안타깝지만 많은 아이들이 슬퍼도 멈춰야 하고, 기뻐도 자제해야 하며, 억울해도 참아야 한다고 배웁니다. 그런 삶을 10년 동안 살아오면 내가 없어집니다. 더욱 무서운 사실은 그렇게 내가 없는 채 어른이 된다는 겁니다.

아이가 간절한 눈빛을 보일 때, 누가 봐도 정말 그 아이의 내면에서 우러나온 원의임이 느껴질 때, 그 순간 외부의 형식이나 제약, 규율을 대며, 특히 합리적인 이유를 대며 미루지 마시기 바랍니다. 그 어떤 이유가 있더라도 아이의 그 원의를 존중하고 제약을 넘어 해결할 의지가 있음을 보여주시기 바랍니다. 그런 경험을 누린 아이들은 결국 두려움 없이 세상을 마주하고 일어설 수 있는 힘을 얻게 됩니다. 간절함을 외면할 때 아이들은 자기의 진짜 욕망을 자신도 모르는 깊은 무의식 한구석으로 밀어 넣게 됩니다. 그 깊고 어두운 구석에서 우리 아이들의 원의가 숨죽여 울고 있지 않기를 바랍니다.

"6학년 땐
여친이 생기면 좋겠어요"

몇 년 전 봄방학 날이었습니다. 저에게 가까이 다가와 이런저런 이야기를 잘하는 남학생이 있었습니다. 처음부터 그랬던 건 아닙니다. 아이들은 최소 몇 개월이 지나 선생님과의 라포가 형성되면 궁금한 것이 생기거나 자기 나름대로 고민이라고 생각되는 것들을 일상에서 쉽게 물어봅니다. 그렇다고 특별히 상담 시간을 따로 마련할 만큼 오랜 시간 이야기하지는 않습니다. 그냥 쉬는 시간에 편하게 물어봅니다.

그렇게 아이들이 자신의 진짜 이야기를 하는 시간이 참 소중하고 좋습니다. 1년이 다 지나고, 봄방학이 시작할 즈음이면 그런 아이들이 제법 생깁니다. 이렇게 이제 뭔가 대화가 좀 통한다 싶으면 새로운 학년으로 올려 보낼 준비를 합니다. 아쉽기도 하고 좀 더 붙들어놓고 싶은 마음도 듭니다. 애착에서 분리로 방향 전환이 필요한 순간입니다.

2교시가 끝났습니다. 2교시 후 20분 동안은 '중간놀이' 시간입니다. 아이들에게 더없이 소중하고 행복한 놀이 시간입니다. 그런데 민현이가 쓰윽 교탁 옆 담임교사 책상으로 다가옵니다. 뭔가 할 말이 있다는 뜻입니다. 몸을 돌려 민현이를 바라봅니다. 그리고 눈짓으로 이야기하라고 사인을 줍니다. 그런데 웬일로 쉽게 말을 꺼내지 못하고 살짝 쭈뼛거립니다. 일단 미소를 던지며 물어보았습니다.

"민현, 무슨 일? 평소답지 않게. 그냥 하던 대로 물어보고 싶은 거 있음 물어봐."

"저… 그게… 하고 싶은 게 있어요."

"뭔데? 말해봐. 뭘 할 수 있게 도와줄까?"

"그게 지금이 아니고요. 6학년 되면…."

"그래~ 이제 봄방학 끝나고 오면 6학년이구나. 6학년 되면 꼭 하고 싶은 게 있구나. 뭐?"

민현이는 잠시 머뭇거렸습니다. 누가 듣지는 않을까 주위를 한번 두리번거립니다. 그러고는 가까이 다가와서 조용히 말했습니다.

"6학년 땐 여친이 생기면 좋겠어요."

"여친?"

저도 모르게 목소리가 좀 크게 나왔습니다.

"아~ 쌤~"

"미안, 아무도 못 들었어. 걱정 말고. 근데… 누구? 지금 우리 반에 마음에 두는 애 있구나!"

"…."

"혹시, 다현이?"

"… 네….

"진작 말하지. 그럼 선생님이 다현이랑 짝 하게 해줬을 텐데."

"어차피 짝 해도 여친은 안 됐을 거예요."

"왜, 고백하면 안 받아줄까 봐?"

"아니요. 엄마가 여친은 절대 안 된다 그랬어요. 공부에 방해된 다고….

"그럼 6학년 때는 된대?"

"그래도 6학년인데, 공부 열심히 한다고 하면 허락해주지 않을까요?"

"민현아… 음…. 네가 아직 잘 몰라서 그러는데…. 여친은 엄마가 허락한다고 생기는 게 아니야. 네가 먼저 여자애한테 좋아한다고 고백하고, 그 여자애가 허락해야 생기는 거야."

대부분 어른에게 한 살 더 먹는 것은 그리 반가운 일이 아닙니다. 특히 20대에서 30대, 30대에서 40대, 40대에서 50대로 넘어갈 때면 젊음이 아쉽습니다. 생애 주기의 단계가 바뀌는 시기가 올 때마다 '나의 시기'가 사라져버리는 것 같아 아쉬움과 두려움이 교차합니다.

하지만 초등 아이들에게는 다릅니다. 한 살 더 나이가 든다는 사실은 설레는 일입니다. 그들에게 나이를 먹는다는 것은 '허용 범위'가 더 넓어진다는 의미입니다. 특히 초등 6학년은 유년 시절 가장 높은 생애 주기에 해당합니다. 아이들은 그때가 되면 더욱 많은 것을 할 수 있을 것이라 기대합니다.

민현이의 새해 소원은 '여친'이었습니다. 곧 6학년이 되기에 꿈꿀 수 있었습니다. 정확히 말하면 새해에는 여친이 허락되길 바랐습니다. 하지만 그해 6학년이 다 지나도록 민현이에게 여친은 없었습니다. 부모님에게 허락받지 못했기 때문입니다. 그러니 마음 둔 아이에게 고백도 할 수 없었을 겁니다. 고백을 못 하니 당연히 새해 소원은 이뤄질 수 없었습니다.

아이들의 시간은 부모에게 묶여 있습니다. 그리고 한 살 더 먹을 때마다 그 묶인 시간이 풀어지길 기대합니다.

"엄마가… 5학년 되었으니 스마트폰 사 줬으면…."

"엄마가… 6학년 되면 친구들끼리 영화 보고 와도 된다고 했으면…."

"6학년이니까… 베프(베스트 프렌드)랑 코인 노래방 가는 거 허락해줬으면…."

늘 새해는 다가옵니다. 그리고 아이들은 학년이 올라갑니다. 그때마다 학부모 입장에서 아이를 위해 나름대로 이렇게 다짐들을 많이 합니다.

"올해는 우리 딸, 3학년 되었으니 칭찬 많이 해줘야지."

"올해는 5학년인데 우리 아들이랑 함께 등산 좀 가볼까?"

"이번에는 함께 여행 가는 시간을 꼭 많이 만들어야지."

"올해는 그간 부족했던 수학 공부 확실하게 잡아줘야지."

안타깝지만 부모님들이 아이를 잘 모르고 하는 다짐들입니다. 이건 학부모 입장일 뿐 아이의 입장이 아닙니다. 부모 입장에서는 그간 못 해준 것들이 떠오릅니다. 그리고 무언가 조금이라도 함께 하고 싶은 것들을 다짐합니다. 그러나 아이들은 다른 기대를 합니다. 작년보다 올해는 허용되는 것들이 더 많아지기를 바랍니다.

아이들의 존재감은 자신의 허용 범위에 따라 위치가 결정됩니다. 허용 범위는 스스로 책임질 수 있는 부분까지입니다. 책임은 기다릴 줄 알고, 선악을 어느 정도 구분할 수 있고, 잘못에 대해 인정할 수 있는 용기가 있을 때 가능합니다. 그 경계선이 어디인지 잘 살피고 조금씩 허락해주는 과정이 아이들을 청소년으로 성장시킵니다.

아이가 한 살 더 먹을 때마다, 함께해주는 시간 못지않게 혼자 결정하는 시간을 얼마나 허용할지 고민해야 합니다. 그 적절한 허용이 주체적인 아이를 만듭니다. 함께하는 시간은 더 어릴 적에 더 많이 가져야 했습니다. 우리 아이는 늘 한 살 더 먹을 준비를 합니다. 그때마다 한 발자국 더 멀어지는 연습이 필요합니다. 아이들은 허락된 만큼 성장합니다.

화장하는
아이들

중간놀이 시간이었습니다. 대부분 아이들이 그 시간을 무척 좋아합니다. 운동장이 아이들로 바글바글합니다. 그런데 학년이 올라갈수록 점차 운동장에 나가지 않는 아이들이 생깁니다. 중간놀이 시간, 점심시간 모두 운동장에 나가지 않고 교실에서 화장을 하며 앉아 있는 아이들이 있습니다. 6학년 내내 거의 그랬던 아이도 있습니다.

"채서야, 오늘은 황사도 없고 날씨 정말 좋은데 운동장 가서 좀 뛰지."

"…"

대답이 없어서 못 들었는가 싶어 더 큰소리로 불렀습니다.

"채서야~"

"아~ 쌤! 지금 중요한데… 번졌잖아요."

제가 보기에는 뭐가 번졌는지 모르겠지만 채서는 화장을 지우기 시작했습니다.

채서는 쉬는 시간, 중간놀이 시간, 점심시간에 늘 화장을 했습니다. 대부분 자신이 직접 하고 때로는 친구에게 일정 역할을 맡깁니다. 처음에는 채서가 친구들에게 화장을 가르쳐주었습니다. 그리고 서로의 얼굴에 그림 그리듯 화장하면서 놀았습니다.

"채서야, 화장하는 거 엄마한테 배웠니?"

"쌤~ 울 엄마 몰라요? 면담 왔을 때 못 느꼈어요? 절대 안 돼요. 화장하는 거."

"근데 어떻게 그렇게 맨날 화장하고 와?"

"아 쌤~ 관심 좀. 저 학교 올 때 안 하고 오잖아요. 학교 와서 하는 거잖아요."

"그럼 그러고 집에 가면 혼나지 않아?"

"학원 끝나면 당근 지우고 가죠."

"아~ 그렇구나…. 그럼 화장하는 건 어떻게 배웠어?"

"쌤, 저 바쁘거든요. 그만 좀. 울 엄마 같아 자꾸…."

더 이상 묻지 못하고 자리로 돌아오는데 다른 여학생이 말해주었습니다.

"화장하는 법 유튜브에 다 나와요. 되게 좋아요. 유튜버들이 엄마보다 화장 더 잘해요."

'화장하는 법'을 유튜브에 검색해보니 관련 영상이 정말 많았습니다. 초등학생들을 위한 메이크업 영상도 꽤 많았습니다. 몇 개를 살펴보다 알았습니다. 화장에 관심 많은 아이들이 가장 듣기 싫어하는 말이 있었습니다.

"너희 때는 화장 안 해도 예쁘다."

아이들은 그 말을 '꼰대' 같다고 이야기했습니다. 아이들에게 이말을 하지 않도록 조심해야겠다고 생각했습니다.

2017년 5월 녹색소비자연대가 초중고 학생 4,736명을 대상으로 조사한 결과, 초등학교 여학생의 42.7퍼센트가 색조 화장을 해본 경험이 있는 것으로 나타났습니다. 이미 초등학교에서 여학생들의 화장은 낯선 일이 아닙니다. 한번은 즐겁게 화장에 몰입해 있던 아이들에게 물었습니다.

"왜 그렇게 화장을 하고 싶은 거니?"

"쌤~ 화장하면 더 예뻐지잖아요."

그 말을 듣는 순간 하지 말아야 하는 말인 줄 알았으면서 저도 모르게 말했습니다.

"화장 안 해도 그냥 예쁜 나이야."

아차 싶었는데 늦었습니다. 한숨 섞인 소리가 들리고, 반격이 만만치 않았습니다.

"울 쌤은… 안 그런 줄 알았는데…."

"쌤, 화장하면 확실히 더 예뻐져요."

"화장하면 얼굴이 더 생기 있어진다니까요. 쌩얼은 비교도 안 돼요."

사실 초등학생들의 화장에 대해 염려하는 점은 두 가지입니다. 첫 번째는 화장하는 아이들을 좋지 않은 시선으로 바라보는 사회 분위기입니다. 일단 화장하는 청소년을 보면 뭔가 삐딱할 거라는 선입견이 있습니다. 그와 관련해 학급 토론을 열었는데 아이들의 대답은 확실했습니다.

"그건 억울해요. 화장하면서도 열심히 공부할 수 있고, 친구랑 사이좋게 잘 지낼 수 있어요."

맞는 말입니다. 화장하는 것과 일탈 행동에는 객관적인 연관성이 없습니다. 어른들만 그렇게 바라볼 뿐입니다. 하지만 두 번째로 염려되는 부분이 있습니다. 이것은 객관적으로도 걱정되는 부분입니다. 바로 초등학생들이 사용하는 화장품의 안전성 문제입니다.

경기도보건환경연구원이 2018년 2월부터 4월까지 두 달간 청소년들이 주로 이용하는 문구점, 편의점, 생활용품점 등에서 판매하는 색조 화장품, 눈 화장용 제품 59개를 수거해 중금속 안전성을 조사했습니다. 일부 제품에서 중금속 성분 안티몬이 기준치의 10배 이상 검출되었습니다. 사실 초등학생들이 사용하는 화장품의 안전성 문제는 10여 년 전부터 자주 언급되었습니다. 그럼에도 아직까지 안전지대가 아니라는 사실이 무척 걱정스럽습니다.

만약 가정에서 화장품의 안전성만 확보된다면 초등학교 여학생들의 화장이 어느 정도 용인될 필요가 있습니다. 어른들의 생각과 달리 초등 5, 6학년 여학생들은 더 이상 어린이가 아닙니다. 청소년이라고 봐야 합니다. 사춘기입니다. 자신만의 존재 이유를 찾는 시기입니다. 자신의 외모를 스스로 가꾸기 시작하는 것, 그리고 자신의 얼굴을 새롭게 그려나가는 것이 상당한 자기 만족감을 줍니다.

화장하는 초등 아이들 대부분이 유튜브로 메이크업을 배우고 있습니다. 유튜브를 통해서 배우는 것 자체가 나쁜 건 아닙니다. 문제는 아직 비판적 수용 능력이 부족한 아이들이 부작용을 일으킬 수도 있는 검증되지 않은 방법을 유튜브를 통해 무비판적으로 수용하고 있다는 점입니다. 교사 입장에서 보았을 때, 초등 실과 교과서에 올바른 화장법에 대해 교육하는 단원이 있으면 좋겠습니다. 그나마 초등 여자 선생님들 중에는 아이들이 염려되어 개인적으로 화장에 관해 알려주시는 분도 있습니다. 아이들에게 정식으로 가르치는 것이 더 안전할 수 있습니다.

화장이 허락되지 않는 순간 아이들은 검증되지 않은 값싼 화장품을 문구점에서 몰래 삽니다. 그리고 서로의 얼굴에 발라줍니다. 엄마의 관심 아래 조금씩 배워나가는 기회가 주어지길 바랍니다. 엄마가 사용해보면서 자신의 피부에 맞는 화장품이 어떤 것인지 아이에게 알려주는 기회가 있기를 바랍니다. 엄마와 딸이 같은 거울을 바라보면서 서로를 가꿔주는 과정은 정서적 교감에 매우 좋은 영향을 줍니다. 딸아이에게 엄마의 모습을 보여주시기 바랍니다.

'나르시시즘' 아이들

울지 마라

외로우니까 사람이다

살아간다는 것은 외로움을 견디는 일이다

공연히 오지 않는 전화를 기다리지 마라

정호승 시인의 시 〈수선화에게〉의 첫 대목입니다. 시인은 이 시의 시상詩想을 그리스 신화에서 가져왔다고 합니다. 요즘 갈수록 이런 수선화 같은 아이들이 늘어나고 있습니다. 꽃처럼 예쁘다는 의미가 아닙니다. 학년이 올라갈수록 인식의 확대가 이루어져야 합니다. 즉, 자기를 바라보는 시선에서 타인을 바라보는 시선으로 바뀌어야 합니다. 하지만 자기 앞에 타인 대신 거울을 가져다 놓는 아이들이 갈수록 많아지고 있습니다. 물론 그 거울에는 자기 얼굴밖에 보이지 않겠지요. 그 아이들에 대한 이야기를 해보겠습니다.

'수선화'

참 예쁜 꽃 이름입니다. 그 이름 속에는 외롭게 죽은 이의 이름이 새겨져 있습니다. 그리스 신화에 등장하는 미소년이지요. 이름은 '나르키소스'입니다. 나르키소스는 호수에 비친 자기 자신의 아름다운 모습을 보고 사랑에 빠집니다. 그리고 만날 수 없는 그리움이 사무쳐 결국 호수에 빠져 죽게 되지요. 나르키소스가 죽은 자리에 한 송이 꽃이 피어납니다. 그 꽃의 이름이 '수선화'입니다. 나르키소스는 죽어서도 예쁜 꽃으로 피어나야만 했습니다.

정신분석학에서는 죽어서조차 예쁜 꽃으로 태어나야만 했던 나르키소스를 '자기애적 욕망'의 절정으로 바라봅니다. 간단히 말씀드려서 자신 이외에 다른 사람은 사랑할 수 없는 사람입니다. 안타깝지만 너무 외로운 사람입니다. 시선이 오직 자신에게만 향한 이들은 결국 관계에 심각한 결핍을 만들게 됩니다. 이런 사람을 '자기애적 인격장애'라고 부릅니다.

시간이 갈수록 자기애적 성향을 지닌 아이들이 늘어나고 있습니다. 심지어 자기애적 인격장애 수준에 이른 아이들도 있습니다. 그런데 잘 드러나지 않습니다. 그런 아이들이 때로는 자기 관리를 잘

하고 능력 있는 리더의 모습을 보이기도 합니다. 자기애적 성향을 지닌 아이들이 소위 그룹의 '짱'이 되기도 합니다. 더 나아가 선망의 대상이 되기도 합니다. 하지만 구분해야 합니다. 진짜 존재감을 지닌 리더와 자기애적 성향에 빠진 아이는 표면상 비슷하게 보일 뿐, 엄청난 차이가 있습니다.

자기애적 성향에 빠진 아이와 진짜 존재감을 지닌 리더를 구분하는 방법은 의외로 간단합니다. 다른 사람의 의견에 어떻게 반응하는지를 보면 알 수 있습니다.

자기애가 강할수록 반대 의견을 견디지 못합니다. 자신의 생각과 다른 의견에 얼굴이 붉어지거나 화를 냅니다. 또는 당장 표현은 안 하지만 언젠가 복수하리라 마음먹습니다. 반대 의견을 낸 아이를 교묘히 왕따시키며 배제해버리는 과정을 밟습니다. 그것도 제 나름대로 합리적인 권한을 갖고 행사하지요. 자신을 중심으로 무리를 만들고, 권력을 행사하며 착취의 과정을 즐깁니다. 저는 이러한 아이들이 만든 그룹을 '나르시시즘 왕국'이라고 부릅니다.

나르시시즘 왕국에 많은 아이들이 가입하고 싶어 합니다. 적당한 서열을 누리며 만족해하는 리틀 나르시시즘 어린이들이 빠른 속도로 늘어나고 있지요. 그 그룹에 속하지 못했을 때 낙오자가 된다는 두려움에 스스로 나르시시즘 리더의 부하를 자처합니다. 무슨 조직폭력배 이야기가 아닙니다. 교실 속 일상입니다.

영희라는 아이가 있었습니다. 영희는 평소 미영이에게 좋지 않은 감정을 지니고 있었습니다. 이유는 예전에 친구들과 놀 때 자기 의견을 무시했기 때문입니다. 사실 영희 입장에서 무시당했다고 느꼈을 뿐입니다. 미영이는 그저 다른 의견을 제시한 것입니다. 욕설이 오간 적도 없고 부당하게 강요한 일도 없었습니다. 영희는 선아라는 아이에게 제안합니다. 미영이 신발장에서 신발을 꺼내 운동장 화단에 버리라고 합니다. 그러면 앞으로 코인 노래방 갈 때 데리고 가준다고 말합니다. 평소 친구들과 어울려 놀기를 좋아하는 선아는 영희 말대로 해줍니다. 그리고 난 뒤 같이 노래방에 가서 실컷 노래 부르고 놉니다. 다음 날 영희는 운동장에서 신발을 찾았다며 미영이에게 가져다줍니다. 아무것도 모르는 미영이는 영희에게 고맙다고 말합니다. 그리고 자신의 신발을 찾아준 영희에게 신세를 졌다고 생각하게 됩니다. 그래서 영희가 사소한 부탁을 하면 잘 들어줍니다.

왜 이런 상황들이 벌어지는 걸까요? 그 기저에는 나르시시즘이 있습니다.

초등 및 그 이전 시기에 보이는 '자기중심성'은 에너지가 있습니다. 그 시기 자기중심적 에너지는 자기 자신에 대한 긍정적 시선을 가지게 해줍니다. 보호자로부터 많은 시선을 받으며 자신의 가치를 인정받습니다. 아직 타인에게 시선을 돌리기 전, 이러한 관심은 자신의 존재를 '쓸모 있는 사람'으로 인식하게 합니다. 그러한 자기만족을 경험한 후 교실이라는 작은 사회로 들어와 혼돈의 시기를 거칩니다. 내가 이 세상의 중심인 줄 알았는데, 다른 친구들도 누군가로부터 사랑받는 존재라는 사실을 인지합니다. 그러면서 서서히 '사회화' 과정을 겪게 됩니다. 고학년이 되면 나와 타인의 관계에서 자신의 위치를 재정립하게 됩니다. 이것이 긍정적이고 일반적이며 바람직한 수순입니다.

안타깝게도 우리 아이들이 타인을 인지하는 시기가 자꾸 늦어지고 있습니다. 만나는 친구들도 엄마가 연결해준 인위적 타인일 뿐입니다. 그들과 모여 있어도 늘 중심은 자신에게 있습니다. 내가 더 좋은 무언가를 가져야 합니다. 무엇이든 더 잘해야 합니다. 더 돋보여야 합니다. 자기중심성에서 타인으로 연결되지 않고, 나르시시즘으로 고착됩니다. 부모는 이러한 아이의 모습을 예쁘다고 말해줌으로써 다른 관계로의 확장을 막아버립니다.

나르시시즘은 자존감에 치명적입니다. 자존감은 나 홀로 아름답고 사랑스럽다고 느끼는 자기만족에서 탄생하지 않습니다. 그 반대입니다. 내가 형편없고 하찮게 여겨지는 상황에 놓여 있을지라도, 많은 타인이 나를 반대한다 해도, 무너지지 않을 수 있는 힘이 자존감입니다.

"내가 아름답지 않아도 괜찮아."

이렇게 말할 수 있는 상태가 자존감의 완성 단계에 가깝습니다.

나르시시즘에 빠져 있는 아이들은 언제든 무너질 수 있습니다. 호수에 파동이 일면 자신의 아름다웠던 얼굴은 찌그러져버립니다. 그만큼 나르시시즘에서 비롯한 자기만족은 허상에 가깝습니다.

사회 속 많은 타인들은 나에게 동조하기보다 나와 다른 생각들을 무수히 내놓습니다. 그 속에서 자신의 존재 가치를 찾는 과정은 나르시시즘이 아닙니다. 이 과정은 타인으로 시선을 돌리면서 시작됩니다. 아이들이 타인과의 관계를 두려워하지 않는 용기를 가질 기회를 자주 주어야 합니다. 그 용기에서 자신의 존재가 꿈틀댑니다. 타인과의 관계성 없이 '나'만 바라보는 아이는 자존감이 0입니다. 우리 아이의 자존감을 지켜주고 싶다면, 나르시시즘을 버리고 관계성을 배우는 시간(함께 놀기)을 주어야 합니다. 우리 아이의 존재감이 수선화가 될지 나비가 될지는 나르시시즘을 얼마나 버렸는지에 달려 있습니다.

복수를 꿈꾸는
아이들

책 읽기를 좋아하는 아이들의 특징이 있습니다. 그런 아이들은 늘 읽을 책이 준비되어 있습니다. 학교에 공식적으로 아침 독서 시간이 있습니다. 10분 정도의 짧은 시간이지만 읽을 책이 준비된 아이들은 그 시간을 허비하지 않습니다. 다른 아이들은 읽을 책을 찾느라 이곳저곳 기웃거리다 보니 실제 독서량이 얼마 안 됩니다.

영철이는 늘 읽을 책이 있는 아이였습니다. 두세 권의 책을 늘 책상 서랍 속에 채워놓았습니다. 한 권을 다 읽으면 도서관에서 바로 빌려 왔습니다. 언제든 즐겁게 읽을 책이 서랍 속에 있다는 것만으로도 뿌듯한 표정을 지었습니다.

하루는 아침 독서 시간에 영철이가 책을 읽으며 자꾸 히죽히죽

웃었습니다. 친구들과 장난치느라 그런 것은 아니었습니다. 책 내용에 빠져들어 자기도 모르게 웃고 있었습니다. 무슨 책이길래 그리도 즐거워하는지 궁금했습니다. 다가가서 보았는데 제목이 재밌었습니다. '엄마를 화나게 하는 10가지 방법'이었습니다.

"영철아 이 책 재밌니?"

"네."

"얼핏 봐서는 저학년 아이들이 읽을 만한 책 같은데?"

"그래도 재밌어요."

"근데 주인공은 왜 엄마를 화나게 하는 방법을 알려주는 거야?"

"복수죠, 복수. 히히."

아이들의 무의식 속에는 수많은 '저항'이 있습니다. 물론 저항의 대상은 대부분 엄마입니다. 엄마가 아이를 사랑한다고 하는 만큼, 아이들은 저항을 꿈꿉니다. 엄마들은 원합니다. 아이들이 말 잘 듣기를 말이지요. 아이들도 원합니다. 그런 엄마에게 복수하기를 말이지요. 복수하려는 이유는 간단합니다. 자신만의 영역을 넓히고 싶은데 엄마가 자꾸 막아서기 때문입니다. 하지만 아이들은 힘이 없습니다. 그래서 소리 없는 복수를 행동으로 보이기 시작합니다. 대표적인 행동 방식이 있습니다. ① 처음 들었다고 말합니다. ② 들었는데도 못 들었다고 우깁니다. ③ 알아도 까먹었다고 합니다. ④ 했던 말을 또 하게 합니다.

이런 과정을 거치면서 엄마는 몇 배의 에너지가 소진됩니다. 엄마의 에너지가 소진되어 지치면 아이들은 잠시 딴짓을 할 수 있는 틈이 생깁니다. 아이들에게 딴짓은 자유롭게 노는 겁니다.

위에서 언급한 소심한 복수들은 모두 무의식적으로 이루어집니다. 무의식의 '저항'입니다. 의식적인 행동 패턴이 아니기 때문에 엄마와 아이 모두 그 저항을 모릅니다. 단지 서로 자기도 모르게 신경전을 벌이고 있을 뿐이지요.

얌전했던 아이가 갑자기 말을 안 듣기 시작하면 부모는 당황스럽습니다. 부모의 내면은 아이의 저항을 의식하고 불안한 상태입니다. 그런데 이를 '불안'이라 하지 않고 '걱정'이라 말합니다. 불안이 아이를 향한 걱정으로 포장되는 순간 해결의 실마리는 보이지 않습니다. 이때 부모는 쉬운 길을 택합니다. '권위'에 대한 복종이지요.

"어디 예의 없게."

사실, 엄마를 화나게 해서 아이들이 얻을 수 있는 이익은 별로 없습니다. 그래도 그걸 감수하는 이유는 내가 아직 살아 있다는 것, '존재'를 보여주는 최후의 수단이기 때문입니다. 그간 높아만 보였던 권위에 대한 도전은 엄마가 화를 낼 때 확연히 드러납니다.

지난 10년간 매년 반 아이들을 대상으로 설문조사를 했습니다. 우리 반 아이들(3학년 이상)이 엄마에게 하고 싶은 말 1위가 있습니다.

"제발 짜증 나게 하지 말아주세요."

이 말은 이렇게 해석할 수 있습니다.

"엄마! 자꾸 이러면 나도 엄마 짜증 나게 해줄 거예요."

안타깝지만 엄마들은 전혀 엉뚱하게 이런 말을 기대합니다.

"엄마, 사랑해요."

몰라도 너무 모릅니다. '사랑한다'고 적은 아이는 없었습니다. 이렇게 적어낸 아이는 있었습니다.

"스마트폰 사 주면 생각해볼게요."

아이가 이유를 찾을 수 없는 상황에서 자주 부모를 화나게 한다면 자녀의 '존재감'을 살펴봐주어야 합니다. 굳이 자신을 희생해가며 소심한 복수를 통해 자신의 존재를 드러내지 않아도 된다는 사실을 알게 해주어야 합니다. 그 아이들의 상황은 '존재감 제로'를 넘어 '존재감 마이너스'에 가까울 수 있습니다.

상대방을 당황스럽게 함으로써 자신의 존재를 지키려 애쓰는 모습은 심하게 표현해서 '할복割腹'하는 것과 비슷합니다. 별일 아닌 상황에 배를 가르며 신음합니다. 그 순간은 주목을 받지만 결국 일어나지 못합니다.

아이가 부모를 이유 없이 화나게 한다면, 한마디만 해주면 됩니다.

"미안하다."

아이의 무의식적 저항은 아이 탓이 아닙니다. 그 책임은 화나게 만들어야만 자기가 살아 있다고 느끼게 만든 누군가의 몫입니다.

초등학생이
싫어하는 선물은?

3년 전, 초등학생 309명을 대상으로 '받고 싶은 선물'에 대해 설문조사를 했습니다. 원래 목적은 제가 근무하는 학교 아이들이 크리스마스에 어떤 선물을 받고 싶어 하는지 알기 위해서였습니다. 결과를 보니, 아이마다 받고 싶은 선물이 무척 다양해서 '초등 아이들에게 이런 선물을 사 주면 좋겠다'는 통계를 내기가 어려웠습니다. 반면 받고 싶지 않은 선물에 대해서는 공통적인 유의미한 결과가 나왔습니다. 크리스마스, 어린이날, 생일날 받고 싶지 않은 선물만 주지 않아도 아이들 표현으로 '개폭망(완전 폭삭 망함)'은 피할 수 있습니다. 질문을 드리겠습니다.

"1~6학년 학생들이 전반적으로 받고 싶어 하지 않는 선물 1위는 무엇일까요?"

그건 바로 '책'이었습니다.

71명의 학생들이 책을 선물받고 싶지 않다고 응답했습니다. 이 결과를 확인한 뒤 저도 모르게 웃음이 나왔습니다. 책이 지닌 상징성이 너무나도 명확하기 때문입니다. 아이들이 선물에서조차 책을 거절한다는 것은 부모의 '공부'에 대한 욕망을 거부한다는 의미입니다. 무의식은 그래서 무섭습니다.

아이들이 책을 선물받고 싶지 않은 이유가 참으로 귀엽습니다. 엄마 아빠가 보기에 예쁜 그림이 가득하고 즐거운 이야기가 담겨 있을지라도 선물로 받기에 책은 숙제 같아서 싫고 부담을 준다는 것이었습니다.

"1~6학년 학생들이 받고 싶지 않은 선물 2위는 무엇일까요?"

답은 '학용품'이었습니다.

43명의 학생들이 크리스마스 선물로 학용품을 받은 적 있는데 너무 싫었다는 응답을 했습니다. 학용품이 싫은 이유에 대해서는 좀 더 직설적으로 대답했습니다. 공부하라는 압박처럼 느껴져서 싫다고 적었습니다.

받고 싶지 않은 선물 1, 2위(책, 학용품)를 싫다고 응답한 인원만 합쳐도 대략 300명 중 100명이 훌쩍 넘습니다. 이 정도면 통계상 의미 있는 수치입니다. 책과 학용품을 빼고 선물을 찾으려니 어른들 입장에서 떠오르는 게 장난감 말고는 없습니다. 그런데 왠지 장난감은 낭비같이 느껴지고 사 주기가 아깝습니다. 며칠만 지나면 흥미를 잃어버리고 결국 버려지는 값비싸고 불필요한 물건처럼 보입니다.

　　이 밖에 아이들이 공통적으로 받고 싶어 하지 않는 선물이 더 있습니다. 저학년과 고학년 학생들이 차이를 보였는데, 놀랍게도 저학년은 '어린이 장난감'을 받고 싶지 않다고 응답했습니다. 처음에는 장난감을 받고 싶지 않다는 결과를 이해할 수 없었습니다. 궁금했습니다.

　　'초등학생들에게 어린이 장난감이 왜 거부의 대상이 되었을까?'

　　아이들이 적어놓은 이유를 보고 알았습니다. 핵심은 장난감을 받고 싶지 않다는 것이 아니었습니다. 아이들은 '장난감'이 아닌 '어린이'에 방점을 찍었습니다. 이렇게 이유를 밝혔습니다.

　　'엄마 아빠가 유치원 동생들이나 좋아할 어린이 장난감을 선물로 주었음.'

　　어른이 보기에 초등 저학년은 어린이이지만, 아이들에게 어린이는 유치원 동생들이었습니다. 그리고 어른들이 자신을 아직 유치원 수준으로 보고 있다는 것을 선물을 통해 확인하고 실망감을 느낍니다. 초등 1, 2학년 아이들은 자신의 격에 맞는 선물을 원했습니다. 자녀 또는 손자 손녀에게, 유치원 시절의 취향을 생각하고 선물한다면 실패할 확률이 높습니다. 적어도 선물을 고르기 전에 이렇게 물어보는 센스가 필요합니다.

"옛날, 네가 유치원 시절에 인형을 좋아했는데, 지금도 좋으니?"

1, 2학년 아이들에게 유치원 시절은 옛날 어린 시절입니다. 아이들은 그 사실을 인정받는 순간 자신이 그래도 제법 큰 아이로 인정받았다고 느낍니다.

5, 6학년 학생들이 싫어하는 크리스마스 선물은 1, 2학년과 좀 달랐습니다. 그들은 '먹는 것'과 '생활용품'을 선물로 받고 싶지 않다고 응답했습니다. 먹는 것이란 패밀리 레스토랑에서 식사하는 것으로 선물을 끝낸다는 표현이었습니다. 생활용품이란 어차피 언젠가 필요하게 될 모자, 장갑, 목도리, 신발 등이었습니다. 가족과 외식하는 시간도 좋고 생활용품을 받는 것도 좋지만, 특별한 날(생일, 크리스마스, 어린이날)에는 자신만을 위한 무언가가 있기를 바랐습니다. 참 어렵지요.

5, 6학년 중에서도 사춘기에 접어든 학생들은 받고 싶지 않은 선물에 대해 이렇게 응답했습니다.

'엄마 아빠가 별로 고민하지 않고 산 선물.'

참으로 진지한 대답입니다. 아이들은 선물을 통해 자신의 위치를 실감합니다. 나에게 준 선물이 별로 고민하지 않고 준비되었다는 느낌은 아이의 존재감에 큰 영향을 줍니다. 물론 부모 입장에서는 가격에 대해 많이 고민했을 겁니다. 아이들은 어려서 모르는 것 같아도

다 압니다. 아이들에게 선물은 관심의 또 다른 징표입니다.

추운 겨울, 이 세상에 누군가 산타 할아버지처럼 시원찮은 사슴 썰매를 타고서라도 저 멀리서 반드시 나에게 선물을 주고야 말겠다고 다짐한 사람이 있다는 사실, 그 사실이 자녀의 자존감에 긍정적 영향을 줍니다. 아이가 '존중'받는다고 느끼는지 '취급'받는다고 느끼는지는 선물을 주는 이의 고민에 달려 있습니다. 이 책을 읽는 지금, 아직 생일이 아니어도, 어린이날이 아니어도, 크리스마스가 아직 멀었어도 깜짝 선물을 하나 준비하시기 바랍니다. 엄마 아빠는 특별한 날이 아니어도, 지극히 일상적인 날에도 너에게 무언가 선물을 주고 싶어 고민하는 사람임을 보여주십시오. 그 고민만큼 아이들은 자신의 존재 위치를 격상합니다.

교실 화분을
치울 수 없는 이유

3년 전쯤이었습니다. 수업도 끝나고 방과 후 수업도 끝난 오후였습니다. 대부분의 아이들이 집으로 돌아가고 없었습니다. 그 시간은 학교가 한산하고 적막하기까지 하지요. 급하게 처리해야 할 업무가 없다면 가끔은 그 조용함을 즐기면서 복도를 걷습니다. 그러다 보면 그날 있었던 아이들과의 관계가 온몸으로 정리되곤 합니다. 그렇게 조용히 생각에 잠긴 채 복도를 걷는데 누군가 저를 불렀습니다.

"선생님~"

"어… 어… 류진아."

졸업한 제자가 갑자기 찾아왔습니다.

"정말 오랜만이구나. 지금 중학교 몇 학년이지?"

"저, 고등학생이에요."

"벌써 그렇게 됐구나."

시간 참 빠릅니다. 학생들을 졸업시킨 교사의 기억 속에 아이들의 시간은 초등 6학년에 멈춰 있습니다. 교실에 들어와 따뜻한 차를 함께 마시며 이야기가 시작되었습니다. 그렇게 이야기를 주고받다 보면, 그제야 멈춰진 시간이 조금씩 흘러가기 시작합니다.

"선생님, 교실은 예전 그대로네요. 책상도 그대로고…. 사물함은 바뀌었네요. 어! 지금도 교실에서 식물 키우시네요. 맨날 아침마다 물 주고 그랬는데…. 우리 땐 여주 키웠잖아요. 이건 뭐예요?"

이런저런 멈춰 있는 것들과 변화된 것들을 찾고 있는 제자를 보고 있으면, 다시금 6학년 때의 모습이 보입니다. 조용히 물어보았습니다.

"요즘, 친구들이랑 괜찮아?"

조용히 물어본 질문이었지만, 류진이는 갑작스레 뭔가가 훅 치고 들어온 듯 잠시 말이 없었습니다. 그러고는 어느새 눈가에 눈물이 고이기 시작했습니다.

"그래, 그때도 네가 친구들이랑 힘들면 교실 화분에 혼자 물 주면서 맘을 달래곤 했지."

"선생님 그거 알고 계셨어요?"

"왜 모르겠냐. 네가 물을 얼마나 자주 많이 줬는지 화분에 곰팡이가 필 정도였는데."

"하하하. 선생님!"

"온 김에 물 좀 주고 가."

자세한 이야기를 듣지는 못했습니다. 류진이는 그만 학원에 가 봐야 한다며 일어섰습니다. 6학년이나 고등학생이나 똑같았습니다. 그때도 그랬습니다. 뭔가 제게 말하고 싶었으나 학원에 가야 한다며 일어났었지요. 그래도 떠나는 발걸음이 가벼워진 것은 분명했습니다.

"담에 또 인사드리러 올게요."

"그래, 아직 퇴직하려면 20년은 남았으니까…. 언제든 물 주고 싶으면 와."

사립초등학교에 근무하는 것의 좋은 점이 있습니다. 한 자리에서 20, 30년을 기다릴 수 있다는 것입니다. 떠나간 아이들에게는 적어도 언제든 갑작스레 위로가 필요하면 달려올 조그만 교실과 화분과 옛 담임이 있습니다. 모든 문제를 해결해줄 수 있는 완벽한 곳은 아니지만, 아주 작은 쉼과 안전을 맛볼 수는 있습니다.

심리학 용어 중에 '안전지대comfort zone'라는 말이 있습니다. 지극히 단순하게 표현하면 어떠한 사물이 사람에게 친근한 느낌을 주는 심리적 상태를 말합니다. 아이들이 등장하는 영화나 드라마에서 보면, 주로 위기의 순간 도망가서 숨는 '다락방' 같은 공간입니다. 일종의 '심리적 아지트'라고 할 수 있지요.

아이들에게는, 특히 아직 어른은 아니면서 그렇다고 더 이상 아이도 아닌 아이들에게는 '안전 공간'이 필요합니다. 지금 어디로 가고 있는지도 잘 모르겠고, 누군가를 믿고 의지해야 할지도 모르고, 이제 좀 컸다고 다 알아서 하라는데… 점점 더 어른들의 관심 밖으로 멀어지는 것 같다고 느낍니다. 그러한 자신을 되돌아보면서 안전하게 숨을 수 있는 공간이 필요합니다. 그 가장 중심은 집이고, 집에서도 자기 방이 될 수 있어야 합니다.

그러나 우리 아이들의 방은 상처의 종합 선물 세트입니다. 숙제 안 한다고 혼나고, 책 안 읽는다고 또 혼나고, 어질렀다고 혼나고, 스마트폰 본다고 혼납니다. 심지어 욕을 듣고 맞을 때도 있습니다. 안타깝지만 '비안전 공간'입니다. 그래서 많은 아이들이 PC방을 선택합니다. PC방은 게임이라는 회피 공간으로 안내해주는 심리적 아지트가 됩니다. 어떤 제자는 혼자 코인 노래방에서 반주를 틀어놓고 운다고 했습니다. 일반적으로 많이 선택하는 것이 독서실 칸막이에서 엎드려 자는 겁니다.

과거의 나를 보며 지금의 나를 달래줄 수 있는 곳이 있다는 건 축복입니다. 누구든 달려가기만 할 수는 없습니다. 제자들을 졸업시킬 때면 늘 안쓰럽습니다. 졸업과 동시에 적어도 6년 동안 얼마나 '인in서울'을 향해 뜀박질해야 할지… 정규직을 향해 또 달려야 할지… 지금 당장 뛰지 않아도 되는 그런 곳으로 보내주고 싶습니다. 그냥 같이 걸어가도 되는 시스템을 만들어줄 수 있으면 좋겠다는 생각을 해봅니다. 그럴 수 없다면, 적어도 잠깐 쉬어갈 수 있는 곳이라도 만들어주고 싶습니다. 지나간 옛 담임이 해줄 수 있는 일은 안전지대가 있었다는 기억의 연결점을 하나 만들어주는 겁니다.

올해도 어김없이 겨울방학 중에 화분의 흙을 새로 갈았습니다. 내년에 만날 아이들을 위한 준비입니다. 동시에 언제 갑작스레 찾아올지 모르는 제자들의 안전지대 연결점을 위한 재료입니다. 그런데 분갈이를 하다 무언가 보았습니다. 조그만 이름 모를 버섯입니다.

"누구냐 넌, 도대체 얼마나 물을 주었기에, 햇볕 잘 드는 창가 화분에 버섯이 피었냐?"

다행입니다. 적어도 앞으로 16년은 그 친구를 기다려줄 수 있으니까요.

2부

자존감이 높은 아이
vs 자기애가 강한 아이

나보다 더 걱정되는
대상이 있다는 것

2월 초순이었습니다. 종업식 전까지 2주가량, 학생들과 정말 즐거운 시간을 보낼 수 있는 기간입니다. 대부분 수업 진도는 다 나간 상태이지요. 아침마다 아이들은 들뜬 표정으로 다가와서 물어봅니다.

"선생님, 오늘 사회 시간에 뭐 할 거예요?"

"운동장에서 담임 체육 하면 안 돼요?"

"선생님, 우리 요리 실습 또 안 해요?"

"선생님, 예전에 선생님이 가르쳐준 '오징어 놀이' 오늘 또 하면 안 돼요?"

"쌤, 오늘 수학 시간에 단체로 '병아리 게임' 해요."

못 이기는 척 몇 가지 소원을 들어주면 그날 하루, 말 그대로 '즐거운 학교생활'이 됩니다. 그런 행복한 2월 초 종례 시간, 아무도 예상하지 못했던 휴교 소식을 전하게 되었습니다. '코로나19' 때문이었습니다. 당시 매일 교실에서 아이들의 마스크 착용 여부와 발열 상황을 확인했습니다. 휴교 소식을 들으면 아이들이 더욱 불안해하지 않을까 염려하며 조심스레 말했습니다.

"모두 집중. 주의해서 듣기 바랍니다."

나도 모르게 목소리에 긴장감이 섞였습니다. 아이들은 그런 담임의 어조를 바로 알아챕니다. 약간 긴장한 듯 조용해지면서 저를 바라봅니다.

"코로나 바이러스 예방을 위해 내일부터 학교가 5일 동안 휴교에 들어갑니다. 선생님이 바라는 건 한 가지밖에 없습니다. 모두 일주일 후에 꼭 건강한 모습으로 다시 만나는 겁니다. 알겠지요?"

무슨 중대한 발표인지 염려하던 아이들의 표정이 갑자기 풀어집니다. 심지어 한 아이는 주먹을 쥐면서 기뻐했습니다.

"예스~ 일주일 동안 학교 안 간다~"

가만히 보니 담임 혼자 긴장하고 있었습니다. 내일부터 며칠간 학교에 나오지 않아도 된다는 말에 아이들은 뜻밖의 선물을 받은 것처럼 기뻐하는 표정이 역력했습니다. 마치 방학을 맞이한 듯한 모습으로 교실을 빠져나갔습니다. 그 모습을 보면서 역시 아이들답다는 생각이 들었습니다. 밝은 표정의 아이들 모습에 오히려 제 마음속 불안이 살짝 누그러지며 마음이 따뜻해졌습니다.

아이들이 썰물 빠져나가듯 나가버리고 허전한 가슴을 쓸어내리듯 빈 공간을 응시하고 있는데, 한 아이가 갑자기 교실로 쓰윽 들어왔습니다.

"선생님!"

"어, 채서야. 혹시 마스크 필요하니? 줄까?"

"아니요. 저 그게…. 겨울방학 때는 저랑 친구들이 방과 후에 돌아가면서 물고기 밥 줬는데요. 앞으로 5일 동안 아무도 학교에 못 나오면 우리 물고기는 어떡하죠? 애들이 저보고 대표로 가서 물어보고 오래요."

"아~ 구피가 걱정돼서 다시 왔구나. 구피 염려 안 해도 돼. 학생들은 안 나와도 선생님들은 다 출근할 거니까. 선생님이 잘 챙겨줄게. 우리 채서 건강하게 잘 있다가 일주일 뒤에 만나자."

교실에 조그만 어항이 있습니다. 금붕어와 구피가 살고 있지요. 처음에는 금붕어가 더 많았는데, 한 학기가 지나는 사이에 구피가 훨씬 더 많아졌습니다. 아이들은 쉬는 시간마다 어항 수초 사이에 숨어 있는 새끼 구피를 찾는 재미에 푹 빠져 있었습니다. 학기 중에는 아이들이 돌아가면서 먹이를 주었고, 방학 때는 방과 후 수업에 나오는 아이들이 알아서 챙겨주었습니다. 일주일 정도 아무도 먹이를 주지 않으면 새끼 구피들이 굶어 죽을까 염려하는 마음에 되돌아와 물어본 겁니다.

학부모 상담을 하다 보면 아이의 자존감을 걱정하는 학부모님들이 이런 질문을 합니다.

"우리 건우 자존감을 높여주고 싶은데 무엇부터 해주면 되나요?"

대답은 정해져 있습니다. 맨 처음 할 일은 일단 아이의 눈동자를 자주 바라봐주는 일입니다. 두 번째로 아이들이 지속적으로 생명을 가꾸고 키우는 과정을 허락해주라고 말씀드립니다.

아이들은 생명을 가꾸면서 공감 능력을 키웁니다. 공감력은 자존감과 긴밀히 연결되어 있습니다. 자존감이 높은 아이들의 특징 중 하나가 타인과 자신을 위로할 줄 아는 것입니다. 누군가 아프면 선생님에게 달려와 말해주고, 넘어지면 옆에서 잡아줍니다. 친구가 힘들어서 울면 옆에서 다독이며 힘을 줍니다. 공감력은 타인뿐 아니라 자신의 존재도 위안해줄 수 있는 소중한 도구가 됩니다. 그러한 소중한 도구를 바탕으로 아이는 자기 자신의 존재감을 다독여주며 성장합니다.

나 자신의 안전보다 더 걱정되는 어떤 대상을 둔다는 건 어른으로 성장했다는 작은 징표입니다. 독일의 심리 전문가 슈테파니 슈탈은 자신의 저서 《거리를 두는 중입니다》에서 이렇게 말했습니다.

"우리가 원하는 행복하고 건강한 관계, 충족감을 주는 관계는 운이 아니라 개인 내면의 문제이자 선택의 문제입니다."

내면의 충족감은 어디 가서 말 잘하고, 기죽지 않고, 큰소리치는

데서 오는 게 아닙니다. 조용하지만 바위처럼 그 자리에 듬직하게 있는 모습에서 시작됩니다. 그 바위에 앉아 흔들림 없이 자신을 위로할 때 자존감이 높아집니다. 코로나보다 구피의 안위를 더 걱정하는 아이들을 보며, 더 이상 우리 반 아이들의 자존감은 걱정 안 해도 될 듯싶었습니다. 다음 학년으로 올려 보내기만 하면 됩니다. 이런 아이들을 보면 기쁩니다. 아이들에게 담임으로서 할 일은 다 했다고 느껴지기 때문입니다. 그들은 함께 그리고 스스로 클 준비가 되어 있습니다. 불안한 건 늘 어른들뿐입니다.

안전한 아이가
가장 무력하다

종민이와 수지, 두 아이에 대해 말씀드리겠습니다. 수행평가 준비에 관한 이야기입니다. 우리 아이는 어느 아이와 비슷할지 생각해보시기 바랍니다.

종민이는 수행평가 준비를 미루는 습관이 있습니다. 엄마는 수행평가 열흘 전부터 이것저것 준비해야 한다고 부산하게 종민이를 압박합니다. 하지만 종민이는 태평한 듯 반응이 없습니다. 3일 정도 남았을 때 서서히 준비하기 시작합니다. 그제야 무얼 해야 하는지 찾고, 조사하고, 외우고, 쓰고, 무엇이 필요하다고 난리를 칩니다. 이렇게 하루 이틀 전에 밤늦게까지 벼락치기로 공부합니다.

수지는 최소 보름 전부터 수행평가 준비를 합니다. 범위가 좀 넓으면 한 달 전부터 준비할 때도 있습니다. 수지의 다이어리에는 늘 그날그날의 준비 사항들이 적혀 있습니다. 그리고 그것을 실행합니다. 그 덕에 밤새워 벼락치기로 공부하지 않습니다. 늘 안정적인 패턴으로 하루를 보냅니다. 갑자기 어떤 공부 자료가 필요하다고 부산 떨지 않습니다. 늘 필요한 것들이 가까이에 준비되어 있습니다. 그리고 정해진 양을 매일 꾸준히 채워나갑니다.

종민이와 수지 중 어떤 아이의 수행평가 점수가 상위권일까요? 당연히 꾸준하게 준비한 수지의 성적이 상위권일 거라고 생각한다면 오산입니다. 정답은 둘 다 상위권입니다. 이유는 간단합니다. 둘 다 공부를 했기 때문입니다. 초등학교에서 배우는 내용은 일단 어떤 방식으로든 공부하면 성적이 좋게 나옵니다.

벼락치기를 하든, 매일 조금씩 꾸준히 하든 일단 시험 준비를 하는 행위가 중요합니다. 그 행위의 결과는 아이들에게 좋은 성적이라는 보답으로 돌아옵니다. 우리 아이는 벼락치기로 공부했는데도 성과가 좋지 않았다고 생각하시는 학부모님이 계실 수 있습니다. 엄밀히 말씀드리면 벼락치기로 뭔가를 했지만, 사실상 공부는 하지 않고 딴짓을 하고 있었을 가능성이 매우 높습니다. 수행평가를 제대로 치르지 못하는 아이들은 결국 아무것도 준비하지 않은 아이들입니다. 의외로 많습니다. 시험 보기 이삼일 전부터 벼락치기로 공부한 아이들도 대단한 아이들입니다. 물론 꾸준히 준비해온 아이는 정말 대단하고요.

종민이와 수지는 공부하는 방식이 너무 달라 공통점이 없을 것 같습니다. 하지만 이 아이들에게는 공통적으로 공부해야 한다는 자극이 있었습니다. 단지 자극의 시기만 달랐을 뿐입니다. 종민이는 마감이 임박해야 긴장감이 들고 뭔가 해볼 만하다는 동기가 생깁니다. 수지는 몰아치는 긴장감보다 천천히 갑옷을 챙겨 입듯 비장함을 느끼는 자극이 동기가 됩니다. 생활 습관의 차이도 있지만 성향의 차이도 존재합니다. 중요한 건 둘 다 준비를 하게 만든 자극과 동기가 있었다는 사실입니다.

자존감도 수행평가 준비와 비슷합니다. 일단 어떤 방식으로든 공부를 해야 수행평가 점수도 잘 나오고 시험 성적도 잘 나옵니다. 자존감도 일단 스스로 도전해보고 실패하고 다시 일어서는 경험을 해야 자존감 성적표가 좋게 나옵니다. 몰아서 도전해도 되고, 꾸준히 조금씩 도전해도 됩니다. 도전하고 실패하고 다시 일어선 경험, 또는 도전하고 성공해서 성취감을 맛본 경험이 자존감의 연결 고리가 됩니다.

내 자녀로 하여금 도전하고 싶게 만드는 자극은 무엇인지 살펴보아야 합니다. 안타깝지만 많은 아이가 자극 앞에서 이렇게 말합니다.

"그건 너무 어려울 것 같아요. 쉬운 건 없어요?"

"선생님, 어떤 게 더 쉬운 거예요?"

심지어 어떤 아이는 무엇인지 살펴보지도 않고 습관적으로 말해버립니다.

"못 하겠어요."

자존감을 획득하는 데 쉬운 길은 없습니다. 적어도 도전이라는 두려움을 마주해야 합니다. 성취감을 통해 자존감을 획득할 수 있도록 자극을 주는 방법은 간단합니다. 도전하고 싶은 무언가를 자주 구체적으로 제시해주는 것입니다.

도전이라고 해서 너무 거창하게 생각할 필요는 없습니다. 태어나서 처음 축구공을 차본 아이에게 적당한 크기의 골대를 보여주는 것이 자극입니다. 천천히 차도 되고 빨리 차도 됩니다. 저 골대에 공을 넣으면 점수를 얻을 수 있다는 사실을 알려주면 그것이 도전의 자극이 됩니다. 못 넣으면 다시 몇 번이고 찰 기회가 있다는 사실도 알려줍니다. 젓가락질이 서툰 아이에게 콩 열 개만 집어 옮기면 좋아하는 과자를 먹을 수 있다는 말 한마디가 도전의 자극이 됩니다. 몇 발자국 앞에 놓인 목표를 구체적으로 안내하고 배려하면 아이에게 긍정적인 자극을 줄 수 있습니다.

많은 학부모가 자녀의 자존감이 낮아질까 걱정하며 상담을 시작합니다. 마음 여린 우리 아이가 상처받고 우울해하지 않을지 염려합니다. 그 상처와 우울로 자존감이 낮아지지 않을까 걱정합니다. 자존감에 상처를 주는 것은 실패의 경험이 아닙니다. 오히려 아무것도 도전해볼 만한 것이 주어지지 않는 안전해 보이는 상황에서 아이는 상처받고 무력감을 느낍니다. 안전한 상황은 자녀의 무의식에 이런 말을 남깁니다.

"넌 자극받으면 견디지 못하는 아이야."

아이가 상처받을까 두려워하지 마십시오. 그보다 우리 아이에게 아무런 자극이 없을까 염려하는 것이 더 우선입니다. 자극받고 도전했는데 넘어졌을 때 옆에 함께 있어주면 됩니다. 자존감은 자극에서 시작됩니다. 윤홍균 정신과 전문의 또한 《자존감 수업》에서 이렇게 말합니다.

"현실적이면서도 나에게 직접적인 이득이 되는 목표를 정해두면 성공할 확률도 그만큼 커진다. … 이 책을 읽고 이루고 싶은 변화에 대해 적어보자. 구체적이고 현실적일수록 좋다."

자존감은 모호한 개념이 아닙니다. 이렇게 말씀드리고 싶습니다.

"자존감은 구체적인 자극과 동기에 의해 살아 움직이는 생물입니다."

아무 자극도 없는 안전한 양식장에서 자존감을 키울지, 드넓은 바다에서 키울지는 엄마가 아이에게 어떤 자극과 동기를 주느냐에 달려 있습니다.

아무것도 하지 않고 가만히 바라보기

아침에 등교해서 1교시 시작 전 컴퓨터를 켭니다. 업무용 메신저에 알람이 일곱 개 떠 있습니다. 뭔가 해달라거나 보내달라거나 추진하라는 업무 메시지입니다. 그걸 보는 순간 저도 모르게 한마디가 튀어나와버렸습니다.

"아! 컴퓨터 갖다 버리고 싶다."

저는 보통 쉬는 시간에는 교실에 있는 업무용 컴퓨터를 꺼놓습니다. 컴퓨터를 켜놓으면 업무 관련 메시지가 와 있는 것을 보게 됩니다. 그 메시지를 확인하는 순간 저의 시선은 업무에 고정됩니다. 업무 메시지는 그 자체로 교사의 시선을 아이들에게서 컴퓨터로 옮기는 역할을 합니다. 아이들을 보는 것보다 더 중요한 일이니 우선적으로 해결해야 한다는 무의식적인 압박감을 줍니다. 이 업무를 빨리 해결하지 않으면 무능하고 성실하지 못한 교사라는 이미지가 생길 것 같습니다.

업무에는 경중이 있습니다. 어떤 것은 단순히 자료 파일만 보내주면 되고, 어떤 것은 기존 계획서를 간단히 수정만 해서 보내면 됩니다. 그런 일들은 쉬는 시간 10분 동안 충분히 해결할 수 있습니다. 그 정도의 가벼운 업무들은 솔직히 빨리 해치워버리고 싶은 욕구가 생깁니다. 다이어리에 가득 적혀 있는 몇 가지 해야 할 일 목록을 처리한 뒤 빨리 붉은 줄을 그어버리고 싶은 충동이 듭니다. 해야 할 일들을 빨리 해치워버렸다는 성취감을 느끼고 싶습니다. 그 순간 이런 생각들이 스치듯 지나갑니다.

'쉬는 시간에 잠깐 공문서 처리한다고 아이들한테 별일 있겠어?'

'내가 안 보고 있어도 아이들은 쉬는 시간 동안 평소처럼 별일 없이 그냥 잘들 놀겠지.'

'이거 파일 수정만 하고 보내주면 5분이면 끝날 것 같은데.'

'오후에 교무 회의가 있었지. 오후에는 일할 시간이 없으니 쉬는 시간 중에 끝내자.'

문제는 그런 사소한 업무들이 매일 생긴다는 겁니다. 그러면 매일 쉬는 시간마다 담임교사의 시선은 컴퓨터에 머물게 됩니다. 그러한 일들이 반복되고 어느새 무감각해질 정도로 빈번해지면 그때부터 학급 운영에 문제가 생깁니다. 처음에는 아이들 사이의 작은 다툼으로 보이지만 점차 해결하기 어려운 깊은 감정의 골이 파입니다. 그래서 가능하면 학생들의 일과 중에는 업무용 컴퓨터를 켜놓지 않습니다. 급한 업무라면 전화가 오겠지 하는 마음으로 일단 지나갑니다. 그런 배짱이 생기기까지 몇 년이 걸렸습니다.

쉬는 시간에 담임으로서 주된 할 일은 무엇보다도 아이들을 관찰하는 일입니다. 교실 담임 책상에 앉아서, 또는 교실 안을 왔다 갔다 하면서, 또는 복도를 서성이면서 아이들을 바라보는 일입니다. 지나가는 사람이 보면 그냥 아무것도 하지 않고 가만히 앉아 있거나 서 있는 사람으로 보일 겁니다. 하지만 그 가만히 앉아서 바라보는 시간이 담임교사로서 가장 잘하고 있는 모습입니다. 그 시선 속에 아이들을 모두 품고 작은 소리, 표정에 민감하게 반응할 준비를 하고 있습니다. 담임의 시선 안에 머무르고 있을 때 아이들은 약간의 긴장감과 동시에 안전감을 느낍니다. 그때는 아무 사고도 없고, 다툼도 없습니다. 문제는 늘 시선 밖에서 일어납니다. 담임교사가 교실에 앉아 있어도 그 시선이 컴퓨터에 가 있다면, 아이들과 함께 있는 것이 아닙니다. 함께 있는 건 시선이 머무를 때 시작됩니다.

가정에서도 마찬가지입니다. 어느 날 상현이와 면담을 했습니다. 상현이는 엄마에게 불만이 있다고 했습니다. 엄마가 자기 방에 들어와서 늘 맨 처음 하는 말이 마음에 안 든다는 것이었습니다.

"상현, 학원 숙제는 다 했니?"

순간 학원 숙제가 너무 많아 힘들다는 얘기인 줄 알았습니다. 하지만 상현이의 불만은 그것이 아니었습니다. 어차피 학원 다니고 숙제하는 것은 바뀔 수 있는 게 아니라고 했습니다. 그리고 1학년 때부터 습관적으로 해오던 거라 힘든 줄은 모른다고 했습니다. 상현이가 힘든 건 따로 있다고 했습니다.

"엄마가 숙제만 검사하고 나가요."

"숙제만 검사하고 나가는 게 왜 불만이지? 뭐 더 해줘야 하는 게 있니?"

"숙제 말고 저한테는 관심이 없잖아요. 급하게 숙제한 것만 대충 쓱 보고 나간다니까요. 저는 쳐다보지도 않아요. 숙제한 것 중에 모르는 거 있다고 하면, 그땐 저를 째려봐요. 학원 선생님한테 물어봐야지 왜 지금 와서 물어보냐고 해요. 그리고 엄만 맨날 바빠요."

"어머님이 바쁘시다고? 상현이 너랑 같이 있으려고 휴직까지 하신 걸로 아는데."

"맨날 드라마 다운받아 보느라 바빠요. 학원 숙제 검사하는 것도 드라마 몇 편 끝나고 잠깐 쉴 때 하는 거예요. 어쩔 땐 저보고 식사때 알아서 라면 끓여 먹으라고 해요. 물론 그건 좋지만."

자녀를 위해 휴직했다는 것, 또는 아예 직장을 갖지 않고 전업주부로 살아간다는 것을 위안으로 삼는 경우가 종종 있습니다. 본인 나름대로는 자기 삶을 포기하고 아이를 위해 살아가고 있다고 생각합니다. 하지만 전업주부만큼 자기 관리가 필요한 일도 없습니다. 아이들과 면담하다 보면, 전업주부로 집에만 있지 아이들에게 시선을 주지 않는 학부모가 생각보다 많습니다. 반면에 맞벌이를 하며 시간을 쪼개고 계획을 짜서 적극적으로 아이들과 함께 시간을 보내는 학부모도 많습니다.

아이들과 함께하려면 그냥 같은 공간에 있어서는 안 됩니다. 아이들을 두 눈으로 직접 바라보는 시간이 있어야 합니다. 많은 아이가 어릴 적부터 TV, 스마트폰, 게임기, 유튜브와 눈을 마주하고 있습니다. 엄마 아빠는 그것들을 켜주는 역할 정도로 존재합니다.

제가 교실에서 학생들을 바라보는 데 가장 많은 시간을 투자하는 이유는 학생들 스스로 '자기 인식'을 하도록 하기 위해서입니다. 아이들이 교실 뒤편에 앉아 딱지치기를 하고 있습니다. 이마에 땀이 흐르는지도 모른 채 열심히 치고 있습니다. 그럼 제가 가서 휴지로 살짝 이마의 땀을 닦아줍니다. 그 순간 눈이 마주칩니다. 그리고 아이는 자신을 인식합니다.

"이렇게 땀 나는지도 몰랐어요."

내가 지금 어떤 상태인지를 알게 해주는 것, 그것이 바라보는 첫 번째 목적입니다. 아이를 자주 바라보면서 그 아이에게 행하는 작은 행위들이 아이 스스로 자신의 상태를 인식할 수 있는 능력을 키워줍니다. 이것은 독립된 주체로 나아가는 첫 번째 길을 알려주는 것과 같습니다. 자주 바라봐주시고, 작은 반응을 해주시길 권합니다. 그리 어렵지 않습니다. 가만히 보고 있다가 휴지 한 장 들 정도의 힘만 들이면 됩니다. 남들이 보기엔 집에서 거의 아무 일도 안 하고 있는 듯 보일 겁니다. 그러한 시선들에 용기 있게 저항하시길 바랍니다. 그리고 이렇게 말해주시기 바랍니다.

"정 급하면 당신이 빨아서 입어. 난 지금 아이를 봐야 하니."

자존감이
사라지는 시대

요즘 초등학교에서는 '진로 교육'을 합니다. 예전 '국민학교'라고 불리던 시절에는 없던 교육입니다. 그때 초등 아이들에게 '진로'라는 말은 할아버지께서 구멍가게 가서 사 오라던 술 이름이었지요. 가끔 점심시간에 책상 서랍 속 진로를 꺼내어 한 잔씩 반주를 하는 교사도 있던 시절이었습니다. 지금은 상상도 할 수 없는 일이지요.

초등 아이들에게 진로 교육은 아무 의미가 없다고 생각하던 시기였습니다. 그때는 중학교에 가서 계속 공부해 대학을 갈지 아니면 실업 고등학교를 갈지만 고민했습니다. '대학이냐 회사 취직이냐'만 고민하면 되는 단순한 과정이었습니다. 하지만 지금은 다릅니다. 아이들의 다양성에 맞추어 선제적으로 준비해야 한다는 입장입니다.

빠르게 변하는 미래 사회에 적응하기 위해 미래 지향적 직업을 만들고 찾아나가야 살아남을 수 있다는 일종의 압박처럼 들립니다. 그래서 담임 교육뿐만 아니라 외부 강사를 초청해 학생 또는 학부모 대상 교육을 하기도 합니다.

이렇게 초등학교에서 아이들 대상으로 진로 교육을 할 때면 등장하는 질문이 있습니다.

"선생님, 그 직업은 인공지능 시대엔 없어지지 않나요?"

"지금은 유명하지만 미래에는 별로 돈 못 벌지 않을까요?"

진로 교육 중 질문하는 아이들은 두 가지 유형이 있습니다. 첫 번째는 순수한 호기심에서 물어보는 유형입니다. 그 순간 떠오르는 궁금증을 물어보는 거지요. 내가 어떤 직업을 가질지 결정은 못 했어도 그냥 관련해서 생각나는 것들을 물어보는 겁니다. 두 번째는 나와 직접 관련이 있다고 여기기 때문에 물어보는 유형입니다. 그 직업이 좋아서 미리 준비하고 싶어 하는 아이들이 있습니다. 또는 부모님이 무얼 했으면 좋겠다고 이미 정해준 아이들입니다. 이 아이들은 긴장과 불안이 섞인 질문을 합니다. 위 질문들처럼 그 직업이 없어지지는 않을지, 미래에 돈을 별로 못 벌지는 않을지 걱정하는 아이는 후자에 가깝습니다.

'내가 하고 싶은 일인데, 미래에 없어져버린다면 어떻게 할까?'

하는 염려가 들어 있는 질문입니다. 초등 아이들이라도 그런 질문에는 진지합니다. 담임인 제게 "그 직업은 없어지지 않을 거니까 걱정 안 해도 된다"는 확답을 듣고 싶어 합니다. 혹은 없어질 테니 다른 걸 생각해보는 게 좋겠다는 이야기를 듣고 싶어 하는 간절함이 느껴집니다. 하지만 막상 진로 교육을 진행하는 담임교사도 명확하게 답을 못 해주는 경우가 많습니다. 대부분 기껏해야 이런 대답이 나오고 맙니다.

"그럴 수도 있고 아닐 수도 있고…. 어떻게 될지 모르니 일단 공부 열심히 하는 게 좋겠다."

결국에는 다시 공부 이야기로 회귀하는 수준의 진로 교육은 아이들이 미래를 준비하는 데 별 도움이 안 됩니다. 이렇게 하루가 다르게 변화하는 시대에 살고 있는 지금, 교사로서의 고민은 늘 뒤따릅니다. '내가 가르치고 있는 것들이 20년 뒤, 우리 아이들에게 얼마나 쓸모가 있을까?' 이런 생각이 들면 갑자기 교육과정에 대해 의심이 듭니다. 그리고 하나씩 살펴보다 보면 가르쳐야 할 것들이 교과서에 별로 없는 듯 보입니다. 그런 상황 속에서 제가 교육과정 안에 가장 중요하게 쥐고 있는 것이 있습니다. 바로 아이들의 '자존감'입니다.

그 누구도 어떤 직업이 새로 생겨나고 사라질지 정확히 예측하지 못합니다. 하지만 어떤 경우에도 자존감을 지켜나갈 수 있는 어른으로 성장시킨다면, 아이들은 변화 속에서 유연하게 대처할 수 있습니다. 그래서 많은 시간 아이들의 자존감에 몰두합니다. 각자가 쏟은 모든 노력이 수포로 돌아가는 순간을 맞이해도 존재감을 상실하지 않고 버틸 수 있는 자존감을 쥐여주고 싶습니다. 그러한 자존감은 아이들의 미래에 아주 좋은 무기가 될 것입니다.

문제는 자존감의 속성입니다. 자존감은 직업을 갖고 생활하는 데 밀접한 연관이 있습니다. 자존감은 성과보다 의미를 쫓아갑니다. 남들이 보기에 비천해 보이는 일을 하더라도, 자존감이 높은 이들은 '의미'를 발견합니다. 내가 지금 하는 작은 일이 누군가에게 기쁨과 도움이 된다는 사실만으로 큰 위안을 받고 자신의 존재감을 느낍니다. 비록 내가 청소부여도, 주방에서 설거지를 해도 자존감이 있는 이들은 의미를 발견합니다.

하지만 앞으로 그러한 작은 기쁨을 누릴 기회마저 사라질지도 모릅니다. 수많은 직업이 사라지고 사람들은 이제 그간 직업에 부여했던 '의미'들에 의심을 품게 될 가능성이 높습니다. 그동안 나름대로 의미를 찾으며 해온 일들이 아무런 감정도 없는 인공지능으로 대체됩니다. 오히려 인공지능이 더욱 효과적으로 일 처리를 해낸다는 사실을 알게 됩니다. 그러한 상황에 맞이할 수밖에 없는 상실감은 그간의 의미마저도 거짓이었다는 자괴감에 빠져들게 만듭니다.

이제 더욱 어려운 숙제가 남았습니다. 아무 의미 없어 보임에도, 그저 '나'이기 때문에 그것만으로 자신의 존재감을 느끼는 자존감이 필요합니다. '울트라 슈퍼 에고'가 필요한 시대가 다가옵니다. 무슨 로봇 이름 같지만, 우리 아이들에게 그런 자존감을 안겨주어야 합니다. 그러지 않고서 그들이 마주해야 할 자존감 상실의 쓰나미에 대처할 방안이 없습니다. 마음이 무겁고 조급해집니다. 지금껏 보지 못하고 알지 못했던 자존감을 안겨주어야 합니다.

우리가 아는 자존감이 사라지는 시대가 다가오고 있습니다. 우리 아이들은 지금까지 인류가 맛보지 못한 상처를 마주할 준비를 해야 합니다. 거의 모든 직업군들이 나의 존재가 인공지능보다 못하다는 깊은 무의식의 상처를 마주해야 합니다.

우리가 알고 있는 자존감, 존재감으로는 부족합니다. 그저 공부만 열심히 하면 된다는 구석기 시대의 유물 같은 생각을 끌어안고 있는 어른이 되지 않았으면 좋겠습니다. 그것으로는 새로운 자존감을 만들 수 없습니다. 공부도 인공지능이 이미 훨씬 더 잘합니다. 아이들이 아무것도 가지고 있지 않아도, 아무런 능력이 없어도, 스스로가 얼마나 소중한 존재인지 느끼게 해주어야 합니다.

슬라보예 지젝은 《HOW TO READ 라캉》에서 말합니다.

"주체가 변모하는 고유한 순간은 행위의 순간이 아니라 바로 선언의 순간이다."

이제 우리는 아이들에게 어떤 이유도 달지 말고 그냥 선언적으로 표현해야 합니다.

"네가 있어 참 좋구나."

　이 작은 선언이 아이들을 존재감 있는 주체로 변모하게 해줍니다. 그렇게 변모된 아이들은 예측 불가능한 그 어떤 미래에서도 자신의 존재를 잊지 않을 겁니다.

우리 아이를 알아차리는
가장 빠른 방법

3월, 새로운 학기가 시작되면 처음 두 주 동안 담임으로서 중점을
두는 일이 있습니다. 아이들과 최대한 많이 눈을 맞추는 일입니다.
특별한 용무가 없더라도 일부러 수시로 아이들의 이름을 부릅니다.
그리고 심부름을 부탁하거나 뭔가 아이들과 관련된 것들을 물어봅니
다.

　"교무실 가서 보드 마커 좀 받아 올래?"

　"넌 좋아하는 아이돌이 누구니?"

　"이 샤프 네가 직접 산 거니? 어디서?"

　"동물 책을 보고 있구나. 어떤 동물이 가장 좋으니?"

　"어! 축구화를 가지고 다니네. 축구 엄청 좋아하는구나?"

심부름도 시키고, 이름도 부르고, 이것저것 물어보면서 자연스럽게 눈동자를 마주합니다. 첫 두 주 동안 한 명도 빠짐없이, 개인적으로 서너 번 이상 눈동자를 마주 봅니다. 30명 가까이 되는 아이들을 두 주 동안 그 정도 횟수로 마주할 거리를 만드는 일은 생각보다 꽤 어렵습니다. 그것도 개학 초기, 신경 써야 할 것들이 소소하게 많은 첫 두 주간에 그렇게 하는 이유는 그 시기가 중요하기 때문입니다. 아직 아이들에 대해 아무것도 모르지만, 그 찰나와 같은 마주 보는 시간을 통해 앞으로 1년간 아이들에게 어떻게 다가가야 할지가 결정됩니다.

5학년 지민이가 있었습니다. 이런 아이는 처음이었습니다. 대부분 실패한 적이 없는데, 지민이와 눈을 마주치는 일은 정말 어려웠습니다. 그리고 지민이의 표정에서 무언가 읽어내는 일도 쉽지 않았습니다.

"지민아, 선생님이 지금 약을 먹으려고 하는데 여기 컵에 마시는 물 좀 한잔 떠다 줄래?"

이런 종류의 심부름에 아이들은 저마다 다른 반응을 보입니다. 예의를 갖추며 컵을 받아서 공손히 두 손으로 가져다주는 아이, 친구들이랑 놀아야 하는데 심부름 다녀오라는 말에 김빠진 표정을 짓는 아이, 헐레벌떡 뛰어오느라 컵의 물이 절반은 없어지는 아이, 예쁨받기 위해 한 번이라도 심부름을 더 하고 싶어 하는 아이, 어디가 아프냐며 궁금해하거나 걱정하는 아이 등 천차만별이지요. 그 모든 다른 모습들 속에 그래도 공통점이 있습니다. 제가 이름을 부르면 그 순간 눈동자를 마주하는 것입니다. 그리고 제가 무슨 말을 할지 기다리며 바라봅니다. 즉, 반응은 달라도 일단 제 눈은 쳐다봅니다. 하지만 지민이는 달랐습니다. 이름을 부르는 순간 고개는 제 얼굴을 향해 돌려도 눈동자는 다른 곳을 향하고 있었습니다. 보통 내향성이 강하고 부끄러움을 잘 타는 아이들이 그런 모습을 보입니다. 저도 처음에는 그저 지민이가 부끄러움이 많은 아이라고 생각했습니다. 그런데 두 번, 세 번 질문하면서 뭔가 이상했습니다. 부끄러워하는 것과는 조금 달랐습니다.

"지민아, 필통이 멋지구나. 필통 구경 좀 해도 될까?"

이렇게 가지고 있는 물건에 대해 긍정적 질문을 하고 다가가면 대부분 어깨가 으쓱해집니다. 필통에 그려진 캐릭터 이름을 알려주기도 하고, 어디 가면 살 수 있는지도 알려줍니다. 더욱 적극적인 아이들은 필통 속 이것저것을 몽땅 꺼내서 보여주기도 합니다. 그런데 지민이는 제 말을 듣고 쓰윽 필통을 책상 서랍 속에 집어넣었습니다. 행동 자체만 보면 누군가에게 물건을 빼앗기기 싫어서 조심스레 감추는 듯한 모습이었습니다. 고개는 역시 숙인 상태였습니다. 필통을 서랍 속에 넣는 손동작에, 단순히 눈을 마주하기 부끄러운 것 이상의 뭔가가 있었습니다. 그 순간 여러 생각이 스쳐 갔습니다.

'지민이가 이름 불리기를 어색해하는구나.'

'관심받는 것이 부담스러운가?'

'집안에서 어른들이 무서운 존재인가?'

누군가 자신의 이름을 부르고, 자신에게 관심을 갖고 다가오는 것을 부담스러워하는 아이들이 있습니다. 일단 지민이의 이름을 부르는 것은 좀 더 조심스럽게 진행해야겠다고 생각했습니다. 그럴 때는 조금 떨어진 채로 바라보며 관찰할 필요가 있습니다. 지민이 이름 부르는 것을 잠시 멈추고 며칠 동안 무심한 듯 멀리서 바라만 보았습니다. 다행인 점이 눈에 띄었습니다. 지민이가 몇몇 친구들과는 눈을 마주치고 잘 노는 모습을 보았습니다. 제게 보였던 그 눈동자가 아니었습니다. 여느 아이들이 보이는 살아 있는 눈빛이었습니다. 그 정도면 일반적인 관계성 면에서 충분했습니다. 담임으로서 지민이와 눈을 마주할 정도의 라포가 형성되려면 시간이 걸리리라는 것을 인식한 순간이었습니다. 그간 짧게나마 제게 보인 행동들이 어떤 연유일지는 시간을 두고 차차 확인하면 됩니다. 마주할 수 있다는 희망만으로도 충분합니다. 그때가 언제 올지는 전적으로 기다림과 진정성, 그리고 아이의 용기 있는 선택에 달려 있습니다.

아이들의 의사 표현은 매우 다양합니다. 대부분 어른들은 말을 통해 의사 표현을 이해하려 애씁니다. 하지만 아이들은 대개 자신의 의견을 말로 전달하기보다 행동으로 많은 정보를 건네줍니다.

우리 아이에 대해 알고 싶다면 이름을 불러주고 얼굴을 자주 마주하시는 것이 좋습니다. 생각보다 가족 간에 대화하는 시간이 짧고, 얼굴을 마주하는 시간은 훨씬 더 짧습니다. 하지만 그 짧은 순간들 속에 아주 많은 정보가 담겨 있습니다. 그 정보는 30명의 아이들을 책임지는 담임교사가 1년간 그 아이들에게 다가갈 수 있는 방법을 알려줄 정도로 세밀합니다.

한강 작가의 《그대의 차가운 손》에 이런 구절이 있습니다.

"네가 혼란을 느꼈다면, 진짜 나를 알고 싶었다면, 이제 알아둬. 내 화장, 내 몸놀림, 내 표정… 그래, 네가 뜨고 싶어 했던 내 얼굴, 그게 나야."

아이의 진짜 모습을 알고 싶다면 최대한 자주 얼굴을 마주하십시오. 말보다 훨씬 더 빨리 알 수 있습니다. 그 순간 아이도 엄마 아빠를 알아갑니다.

"무서운 이야기 해주세요"

"선생님 재밌는 이야기 해주세요."

"아뇨, 재밌는 거 말고 무서운 이야기 해주세요."

"야! 내가 말한 재밌는 이야기가 무서운 이야기 해달라는 거야."

초등학생들 중 의외로 '공포' '스릴러' 이야기를 좋아하는 아이들이 제법 많습니다. 아침 독서 시간에 그런 무서운 이야기가 담긴 책들만 골라서 읽는 아이도 있습니다. 책 표지에는 '학교 괴담' '호러 특급' '공포 특급' 등의 제목이 쓰여 있습니다. 게다가 뭔가 공포스러운 그림들이 이야기 사이사이 분위기를 가중시킵니다.

개인적으로 무서운 이야기를 정말 무서워합니다. 그래서 공포 영화를 보거나 무서운 이야기를 들으면 일단 귀를 막습니다. 이상한 건 처음에 귀를 막아도 어느새 그 공포의 장면을 귀담아듣고 있는 겁니다. 눈은 감았지만 귀는 듣고 있습니다. 아이들도 비슷한 모습을 보입니다. 일단 무섭다고 호들갑이지만 어느새 두 눈까지 똑바로 뜨고 쳐다보고 있습니다.

교수학습법 중에 스토리텔링이 있습니다. 아이들에게 흥미진진한 이야기를 제공하는 방법입니다. 등장하는 인물들의 목소리, 표정 등을 생생하게 표현하지요. 아이들은 약간 과장한 듯한 표정과 목소리를 참 좋아합니다. 비가 주룩주룩 내리고, 먹구름이 하늘을 덮고, 천둥 번개가 치는 날이면 흥미진진한 무서운 이야기를 하나씩 해줍니다. 이야기를 시작하면서 반드시 하는 멘트가 있습니다.

"이건 실제로 있었던 일인데…."

실제로 일어났던 일이라는 말에 한순간 몰입도가 높아집니다.

준비된 스토리가 몇 개 있습니다. 학교에서 야근하다 만나는 사물함 귀신 이야기, 일요일이면 학교 복도에서 잃어버린 연필을 찾아 돌아다니는 1학년 꼬마 아이 이야기, 1970년대에 만들어진 운동장 아래 지하 대피 터널을 헤매고 있는 3학년 아이 이야기 등이 있습니다. 그중 아이들이 가장 좋아하고 또 들려달라고 하는 이야기는 운동장 아래 있는 터널 이야기입니다. 그 터널 속 아이가 자신과 똑같은 이름을 지닌 아이를 터널로 부르고, 따라가는 순간 그 아이 대신 터널에 갇혀 나올 수 없다는 이야기입니다. 이야기를 마치고 나면 어김

없이 질문이 들어옵니다.

"선생님, 그 아이의 이름이 뭔데요."

"말해줄 수가 없구나."

"왜요?"

"우리 반에 똑같은 이름이 있거든."

"으아악~"

"운동장 한 모퉁이에서 낯선 아이가 자기 이름을 부르면 절대 따라가면 안 된다."

그렇게 무서워하고 두렵다고 호들갑을 떨면서도 이야기가 끝나면 터널을 찾으러 운동장으로 나갑니다. 그리고 마치 자신이 그 귀신 아이가 된 듯 서로 친구들의 이름을 부르며 이리 오라고 손짓합니다.

이런 무서운 이야기들이 아이들의 정서에 좋지 않은 영향을 미칠까 염려하시는 분들이 있습니다. 물론 극도의 공포감을 느끼는 것은 좋지 않습니다. 하지만 약간 긴가민가하는 수준, 뭔가 신비롭다는 느낌, 혹은 '그럴 수도 있을까?' 하는 수준의 공포 이야기는 아이들에게 또 다른 측면의 감각을 느끼게 해줍니다.

인류학에서 공포와 두려움은 인류 생존의 중요한 심리적 기제라고 표현합니다. 그 느낌을 감지하고 상황을 서둘러 모면하게 하는 역할을 하기 때문입니다. 그 덕분에 인류가 그 험한 역사 안에서 지금까지 문명을 이루고 생존하고 있다고 말합니다.

조금 다른 측면에서 이야기해보겠습니다. 비가 내리는 날이면 아이들이 제게 공포 이야기를 또 해달라고 요청합니다. 왜일까요? 물론 공부하기 싫어서 그런 것도 있습니다. 하지만 진짜 이유는 무서움을 대면하고 싶은 충동 때문입니다. 무섭지만 재미있고, 두려우면서도 예기치 못한 반전이 등장합니다. 그리고 그 순간 소리를 지르며 무언가 억압된 것들을 해소합니다. 일종의 카타르시스입니다. 아이들 내면에는 무서운 상황을 마주하고 싶은 충동과 욕구가 내재되어 있습니다. 그러한 욕구가 내재되어 있다는 사실은 그 공포감을 통해 무언가 분출할 수 있다는 것을 무의식은 이미 알고 있다는 것을 의미합니다. 그래서 충동적으로 그 공포감을 따라갑니다.

카타르시스는 '정화淨化' '배설排泄'을 뜻하는 그리스어입니다. 아리스토텔레스의 《시학》에서 등장합니다. 일반적으로 일종의 정신적 승화작용으로 해석합니다.

아이들에게도 청소해야 할 심리적 쓰레기들이 있습니다. 어떻게든 그것을 버리고 청소해야 합니다. 그런데 방법을 잘 모릅니다. 많은 경우 게임 속으로 들어가버립니다. 명확히 이야기하면 그건 해소가 아니라 잠시 잊으러 가는 겁니다. 현실 세계로 돌아와서 해소되지 않은 감정을 발견하고 다시금 게임으로 들어가버립니다. 또 다른 좋지 않은 방식이 있습니다. 어른들이 보기에 도저히 말도 안 되고 이해도 안 될 정도로 잔인하게 폭력을 사용하는 겁니다. 어떻게 어린 아이들이 저렇게 할 수 있을까 싶을 정도로 학교폭력이 심각합니다.

잘못된 방식의 카타르시스입니다.

가장 긍정적인 해소법은 '받아들여지는 느낌'의 대화입니다. 아무 의미가 없는 듯해도 일상의 느낌과 감정 들을 자유롭게 털어놓을 수 있는 환경은 자기도 모르게 '정화작용'을 해줍니다. 적당한 운동을 통한 정화도 도움이 됩니다. 일반적인 방법은 아니지만, 안전한 공간에서 듣는 공포 이야기는 이야기 속 주인공에 대한 강한 연민과 동정을 일으킵니다. 그 연민을 느끼는 자기 스스로를 그래도 선하고 괜찮은 존재로 승화시킵니다. 어떻게든 함께 그 위기를 모면하고자 응원하는 자신을 느끼며, 그래도 쓸모 있는 존재로 자신을 승격합니다. 그 과정이 카타르시스를 만듭니다.

많은 경우 자녀에게 무엇을 어떻게 해줄 것인가를 고민합니다. 한 가지 측면을 잊으면 안 됩니다. 해주는 것만큼, 어떻게 배출하게 해줄 것인가도 생각해야 합니다. 많은 아이가 타인의 욕구를 과잉 섭취 하고 있습니다. 그중 자신의 욕구를 선별하고 나머지는 버리는 과정이 필요합니다. 그 과정이 카타르시스입니다.

우리 아이에게 어떤 방식으로 카타르시스를 느끼게 할지 고민해보시기 바랍니다. 저녁에 아빠와 함께 하는 농구 한판도 아주 훌륭한 방법이 될 수 있습니다. 가끔은 무섭더라도 함께 공포 영화를 보는 것도 좋습니다. 영화가 끝나면 아이가 말할 겁니다.

"별거 아니네."

"영어가 더 편해서요"

몇 년 전, 6학년 아이들을 데리고 베이징으로 수학여행을 갔습니다. 학교에서 영어 교과 외에도 창의적 체험 동아리 활동으로 중국어를 배운 아이들이었습니다. 많은 시간은 아니었지만 1학년 때부터 주당 한두 시간씩 중국어를 꾸준히 배웠습니다. 그런데 중국 수학여행에서 생각지도 못한 일을 보게 되었습니다.

"How much is it?"

찬욱이가 중국어가 아닌 영어로 가격을 흥정하고 있었습니다. 그러고는 버스로 돌아와 친구들에게 물건을 싸게 샀다고 자랑했습니다. 찬욱이에게 물었습니다.

"찬욱아, 학교에서 중국어 배웠잖아. 근데 왜 영어로 물건을 사?

중국까지 왔는데 배운 거 써먹어야지. 다음에 물건을 살 때는 중국어로 해봐."

하지만 찬욱이는 다음에도 역시 영어로 물건이나 먹을 것을 샀습니다. 다른 아이들도 마찬가지였습니다. 궁금해서 몇몇 아이들에게 물어보니 대략 이런 대답들을 했습니다.

"영어가 더 편해서요."

"배우긴 했는데 영어보다는 조금 배웠잖아요."

"왠지 영어보다는 자신이 없어요."

중국어 시간에 좋은 평가를 받았던 아이도 그냥 영어로 물건을 샀습니다. 어른들 입장에서는 초등학생이 외국 나가서 영어로 말하며 물건을 산다면 참으로 기특하다 생각할 겁니다. 하지만 그건 요즘 초등학생들을 잘 몰라서 하는 말입니다. 상점에서 물건을 사는 정도의 영어는 초등 아이들에게 기본이 된 지 오래되었습니다. 그나마 학교에서 짜임새 있는 커리큘럼으로 제2외국어인 중국어 수업을 진행했는데, 아이들은 편하다는 이유로 영어만을 고집했습니다. 그 모습을 보고 사실 많이 아쉬웠습니다. 또 학교 선생님들이 나름대로 고민하고 연구하면서 진행한 중국어 교육 시스템에 뭔가 문제가 있는지 되짚어보지 않을 수 없었습니다.

수학여행을 마치고 돌아와서 학교 교육과정 회의를 하면서 중국어 교육에 대해 논의했습니다. 문제는 학교의 중국어 교육 시스템에 있지 않았습니다. 모두 수준급 중국어 강사들이었으며 교수법도 훌륭했습니다. 그리고 중국어 동아리에서 좋은 평가를 받았던 아이들의 실력도 상당한 수준이었습니다. 그럼에도 아이들이 중국까지 여행을 가서 영어로 소통한 이유는 '영어보다는 못한다'는 생각 때문이었습니다.

아이들에게 이야기를 하나 해주었습니다. 학교를 다니지 않았지만 자기 부족 언어 이외에 영어로 소통할 수 있고, 중국어를 구사할 수 있는 어느 아이들에 대한 이야기였습니다.

"중국과 파키스탄 국경 지역 고산지대에 '칼리쿨'이라는 호수가 있어. 그 호수는 마치 하늘 위에 떠 있는 것처럼 신비롭고 아름다웠어. 선생님이 대학 다닐 때 배낭여행 하면서 그곳에 갔었지. 호수에는 몇 채 안 되는 집이 있었고…."

저는 그 몇 안 되는 집 중에 천막을 치고 사는 어느 유목민 가정에서 민박을 했습니다. 엄마, 아빠, 열한 살 정도 된 딸과 일곱 살, 세 살 정도 된 아들들이 있었습니다. 그 아이들을 처음 봤을 때 '이렇게 예쁜 눈동자를 가진 아이들이 있을까?' 하는 생각이 들었습니다. 맑은 호수를 닮은 눈빛이었습니다.

아이들은 발음이 좋지는 않았지만 영어로 소통할 수 있었고, 중국어도 생활하는 데 지장이 없을 만큼 할 줄 알았습니다. 물론 그들 부족의 언어는 따로 있었습니다. 그리고 세계 여러 나라에 대한 해박한 지식을 갖고 있었습니다. 땅바닥에 지도까지 그려가며 세상의 여러 나라를 제게 설명해주었습니다(참고로 그 아이들은 학교라는 곳을 구경도 해보지 못한 아이들입니다). 하도 신기해서 그들이 어떻게 공부하는지 지켜보기로 했습니다.

아침에 엄마 아빠보다 일찍 일어나 물을 길어오고, 양젖을 짜고, 낙타에게 먹이를 주고, 저녁에 양 떼를 찾으러 나가고… 공부하는 모습은 찾아볼 수 없었습니다. 그래서 그들에게 물었습니다. 너희들은 언제 공부를 하냐고. 그랬더니 공부가 뭐냐고 다시 제게 물었습니다. 그래서 구체적으로 물었습니다. 어떻게 영어와 중국어를 할 줄 알며, 여러 나라에 대해 알고, 덧셈 뺄셈을 할 줄 아는지를 말이지요. 그랬더니 막 웃습니다. 어떻게 모를 수 있냐는 웃음이었습니다. 그들은 대답 대신 제게 많은 것을 물어보았습니다. 한국 사람은 처음이라며 '코리아'에 대해 알려달라 했습니다. 무엇을 먹는지, 한국말로 인사를 어떻게 하는지 묻고 사진을 보여달라고, 예쁜 한국 이름을 지어달라고 했습니다. 그제야 알게 되었습니다. 그 아이들은 간간이 찾아오는 세계 여러 나라의 여행자들을 자신의 선생님으로 삼아 많은 것을 물어보았습니다. 제가 떠나고 나면 또 언제까지 기다려야 할지도 모르는 환경 속에서 그들은 지금 만나는 여행자가 마지막 선생님인 듯 물어보고 배워왔습니다.

이 정도 이야기를 하고 학급 아이들에게 물었습니다.

"자, 그럼 이쯤 이야기하고 질문할게요. 그 아이들은 자기 부족 언어 말고 영어를 더 잘했을까요? 아니면 중국어를 더 잘했을까요?"

아이들이 제 나름대로 유추하면서 대답했습니다.

"선생님한테 영어로 물어봤으니까 영어를 더 잘했겠죠."

"아니야, 선생님은 중국어를 잘 모르니까 걔들이 영어로 물어본 것뿐이야. 중국어를 더 잘할 수도 있어."

아이들이 서로 영어와 중국어 사이에서 옥신각신 이유들을 대고 있을 즈음 정리를 해주었습니다.

"사실 선생님도 그 아이들이 중국어와 영어 중에서 어느 말을 더 잘하는지는 몰라요. 그러나 한 가지 확실한 건 영어든 중국어든 여러분이 더 잘한다는 거예요. 발음도 여러분이 훨씬 좋고, 배경지식도 더 많이 알고, 문법도 더 많이 알아요. 그 아이들은 어떻게 해서든 선생님이랑 대화하려고 영어랑 중국어를 막 섞어서도 말했어요. 정말 최선을 다했죠. 여러분과의 차이라면 그 아이들은 틀리게 말하는 걸 두려워하지 않았다는 거예요. 그보다는 배우길 원했어요. 틀리게 말하더라도 뭔가 하나라도 더 배우고 시도하고 싶어 했어요. 거긴 학교도 선생님도 없었거든요. 가끔씩 들르는 여행자들이 그들에게는 늘 마지막 선생님이었어요. 언제 또 여행자를 만날지 모르는 채 기약 없이 기다려야 했어요."

이 책을 읽으시는 학부모님들께도 말씀드리고 싶습니다. 조금 더 편하고 조금 더 잘하는 것에 익숙해진 채 그것만 사용하려고 생각하는 것 자체가 안전함을 추구하는 모습입니다. 적어도 아이들은 그런 모습에 안주하면 안 됩니다. 맞든 틀리든 일단 해보고 그 와중에 실수하면 웃고 떠들고 재밌다고 박수 치는 모습이 제대로 아이다운 모습입니다.

우리 아이들이 조금 더 편하고 익숙한 것들에 길들여지지 않기를 바랍니다. 그렇게 길들여지면 자신의 잠재적 역량 또한 묶어놓게 됩니다. 자신의 존재 가치도 적당한 선에 멈춥니다. 그 적당한 선은 시련이 오면 금방 무너지는 정도의 위치입니다.

아이들이 편리한 것에 젖어 있다면 뭔가 좀 불편한 상황을 만들어주시기 바랍니다. 무언가에 안주하는 순간, 그 아이는 성장이 멈춥니다. 우리 아이들이 꼭 어른이 되었으면 좋겠습니다.

선택받는 아이들의 기준

보통 학기별로 학부모 면담 주간이 있습니다. 1학기 학부모 상담에서는 주로 아이들에 대한 정보를 듣습니다. 1년간 함께할 아이에 대해 부모에게 직접 듣는 정보는 매우 소중합니다. 그 정보를 바탕으로 아이들 개개인에 대한 접근 방식이 달라집니다. 학교에서 마련된 담임교사 상담 주간을 잘 활용하시는 것이 좋습니다. 아무리 뛰어난 교사라도 10년 이상 자녀와 함께 살아온 엄마의 정보력을 따라올 수는 없습니다. 면담은 아이의 일상생활, 염려되는 점들, 장점과 단점을 담임교사에게 알려주는 기회가 됩니다. 이렇게 전달된 내용은 담임으로서 평소 아이를 관찰할 때 특히 유의해야 할 점들을 미리 알게 해주는 좋은 자료가 됩니다.

2학기 학부모 면담 주간은 1학기와 양상이 다릅니다. 이 시기는 그간 관찰해온 아이에 대해 담임으로서 견해를 이야기하는 상담이 중심입니다. 이 시기가 다가오면 담임으로서 고민하는 것이 있습니다. 선택에 관한 겁니다. 특히 5학년 이상의 고학년 담임일 때 이 선택으로 고민이 깊어집니다. 거시적으로 보면 '진로'에 대한 큰 길을 제시하는 것이고, 미시적으로 보면 '영재성'에 대한 방향을 잡아주는 것입니다. 몇몇 선택된 아이들의 학부모님께 이런 말씀을 드립니다.

"찬욱이 부모님은 어떻게 생각하시는지 모르겠지만, 앞으로 찬욱이가 중학교에 가면 구체적인 목표를 갖고 준비시키는 것이 좋겠습니다. 단도직입적으로 말씀드리면, 영재고(또는 과학고, 외국어고) 진학을 염두에 두고 환경을 조성하시지요."

이런 의견을 받은 학부모의 입장은 대부분 이렇습니다.

"그저 학습을 좀 성실히 따라가는 정도이지요. 영재고나 과학고를 준비시켜야 할까요? 그러자면 사교육도 많이 받아야 하고, 우리 아이가 준비하는 과정에서의 스트레스를 감당할 수 있을까요? 그냥 일반 고등학교 가서 내신 관리하고 수능이나 학종 준비를 착실히 하는 게 좋지 않을까요?"

제가 교육자로서 영재교육을 받을 만하다고 판단하는 기준은 '영특함'이 아닙니다. '성실' '근면'입니다. 자기 주도적으로 학습 계획을 세우고, 하루하루 자신이 정한 목표 분량을 정말 성실하게 수행하는 아이를 눈여겨봅니다. 그 아이는 영특함을 지닌 아이보다 더 안정적으로 자신이 정한 목표를 이룰 가능성이 있습니다. 실제로 많은 교육 연구 혹은 실험들을 보면, 영재성이 없더라도 성실성을 지니고 꾸준히 목표한 바를 이루어나가는 아이들이 영재라고 인식된 아이들보다 좋은 성과를 내는 경우가 많습니다.

안타까운 건 학부모들이 영재성을 천재성과 동일시한다는 점입니다. 또는 무조건 사교육을 통해 많은 양의 선행학습을 하면 영재가 될 거라고 생각합니다.

'우리 찬욱이는 그저 성실하고 꾸준히 학습하는 정도지, 영재(천재)는 아니야. 그러니 무난하게 지금처럼 내신을 잘 유지하는 쪽으로 가자.'

'우리 정국이는 일단 선행학습을 많이 했으니 괜찮을 거야.'

어떻게 생각하든 그 판단에 자녀의 성실함을 고려하지 않는다면 실패할 확률이 매우 높습니다.

5, 6학년을 기준으로 영재고 혹은 과학고 등을 목표로 준비시키라고 조언하는 경우는 한 학급에 많아야 세 명 정도입니다. 그중 두 명의 학부모는 받아들이지 않고 한 명 정도는 받아들입니다. 그리고 3년 뒤 연락이 옵니다.

"선생님이 그때 그런 말씀을 해주셔서 일단 아이에게 말해주었습니다. 같이 계획 세우고 3년 동안 정말 힘들게 준비했는데 이번에 영재고에 입학했습니다. 영철이가 정말 좋아합니다. 자긍심도 놀랄 정도로 높아졌고요. 감사합니다. 우리 아이가 이 정도로 해낼 줄은 저도 몰랐습니다."

일반적으로 우리는 성취감이 단계적으로 주어져야 한다고 생각합니다. 1단계 성취감을 맛보면 같은 수준의 성취감을 맛보는 것에 안주하거나 그보다 약간 더 높은 단계로 하나씩 올라가야 안전하다고 여깁니다. 하지만 성취감은 한 단계씩 맛보기보다 가능하면 3단계 점프를 맛보게 하는 것이 좋습니다. 이는 강한 자극이 됩니다. 3단계 점프란 약간은 어렵고 상상하기에 좀 불가능하다고 판단되는 단계로 건너뛰는 것을 말합니다. 그런데 그것을 이루면 매우 기뻐할 그런 수준입니다. 5, 6학년 아이들에게 영재고라는 목표는 그 정도 단계가 되지요. 그렇게 3단계 높은 성취감을 맛볼 수 있는 아이들은 성실성을 지닌 아이들뿐입니다. 그런 단계로 도전해보기를 권할 아이를 선택하는 데 늘 고심이 따릅니다. 그러나 기준점은 아주 단순합니다.

반복해서 말씀드립니다. 그런 권고를 할 아이를 선별할 때 가장 높게 점수를 주는 요인은 '성실'입니다. 성실한 아이들은 조금 더 무게감 있는 과제를 주어도 마침표를 찍습니다. 그리고 그러한 과정으로 중학교 3년이라는 시간을 보내면, 영재성 있는 아이들이 보이는 그 이상의 성과를 얻습니다. 그 순간에 맛보는 성취감은 자긍심을 넘어 또 다른 내면의 힘과 역동성을 자각하게 합니다. 그 자각이 깊은 자존감을 만들어줍니다. 그때부터는 자신의 재능을 믿는 것이 아니라, 부단히 노력하는 자기 자신을 보게 됩니다. 실패를 두려워하지 않게 됩니다.

또래에 비해 영재성 혹은 재능이 있으나 성실함이 보이지 않으면 영재고 준비를 권하지 않습니다. 그것은 그리 오래가지 않기 때문입니다. 그 아이들은 자신의 노력에 시선을 두지 않고 다른 사람들이 자신을 영재라고 바라보는 시선에 관심을 둡니다. 타인의 시선에 자기 자신을 묶어놓는 순간부터 자존감은 낮아지기 시작합니다. 그 결과 해야 할 분량의 공부에 집중을 못 하게 됩니다.

사실 특목고에 진학하기 위해서는 많은 학습 시간과 학습량을 소화해야 합니다. 그래서 많은 아이가 사교육으로 선행학습을 하지요. 공공연한 사실입니다. 그런데 결국 성실한 아이들이 해냅니다. 명확히 알아야 합니다. 그 아이들이 사교육을 통한 선행학습을 했기 때문에 가능했던 게 아닙니다. 매일 밤늦게까지 꾸준히 기말고사 준비하듯 공부하는 근면성이 있기 때문에 가능했던 겁니다. 천부적 재능이 있다기보다는 단순하다 싶을 정도의 패턴으로 주어진 학습량을 하루하루 묵묵히 소화해내는 아이들이 좋은 결과를 얻습니다.

성실함은 공부에만 해당되지 않습니다. 기능을 익히고 훈련하는 모든 것에 영향을 줍니다. 아이들의 재능과 잠재력은 다 다릅니다. 하지만 결국 높은 성취감을 맛보는 원동력은 대부분 '성실'에 있습니다. 우리 아이에게 성취감과 더불어 자존감을 키워주고 싶다면 재능에 안주하기보다 성실에 방점을 두도록 교육해야 합니다. 성실한 아이들은 그들이 지니고 있는 재능 그 이상의 성취감을 맛보고, 그 위치가 자신의 존재감으로 지속됩니다. 결국 성실한 만큼 존재감이 자리합니다. 우리 아이가 안정적인 자존감을 유지하고 있는지 궁금하다면, 일상생활에 얼마나 성실한지를 살펴보면 금방 드러납니다. 기억하시기 바랍니다.

"자존감은 성실한 만큼만 높아집니다."

그리움 선물하기

학교에 권장 도서 목록이 있습니다. 아이들은 그 책들을 읽고 독서록을 작성합니다. 담임 선생님이 독서록을 검사하고 '참 잘했어요' 칭찬 도장도 찍어줍니다. 책을 즐기는 아이는 1년에 100권이 넘는 책을 읽습니다. 하지만 어떤 아이는 열 권도 채 읽지 않습니다.

하루는 6학년 우리 반 학생들에게 대한민국 어른들의 심각한 독서 현실을 들려주었습니다. 열심히 책을 읽어야 한다는 것을 알려주려는 의도였습니다.

"작년에 국민 실태조사라는 걸 했어요. 그런데 대한민국 어른 중 40퍼센트가 1년에 책을 한 권도 읽지 않았다는 거예요. 이건 매우 심각한…."

아직 할 말을 다 끝내지도 못했는데, 우리 반에서 가장 책을 적게 읽는 세훈이가 손을 번쩍 들며 자랑스럽게 말했습니다.

"선생님, 저는 작년에 책 열 권도 넘게 읽었어요."

저도 모르게 이런 말이 튀어나올 뻔했습니다.

"초등학생이 1년에 열 권 정도 읽는 건 정말 적게 읽은 거야. 세훈이는 더 많이 읽어야 해."

하지만 제 입은 다른 말을 하고 있었습니다.

"그래 참 잘했구나. 어른들은 한 권도 읽지 않는 책을 우리 세훈이는 열 권도 넘게 읽었구나. 앞으로 어른이 되어도 지금처럼 꼭 매년 열 권 이상씩 읽도록 해라."

그날 세훈이의 대답을 듣고 생각에 잠겼습니다. 청소년기 학생들은 학교 다니면서 어떤 형식으로든 책을 읽게 되어 있습니다. 아무리 읽지 않아도 기본적으로 교과서가 열 권이 넘습니다. 문득 궁금해졌습니다.

"학교 다니면서 적어도 교과서라도 매일 읽던 아이들인데… 왜 어른이 되면 그중 40퍼센트는 1년에 한 권도 읽지 않는 것일까?"

책을 읽지 않는 40퍼센트를 제외한 나머지 60퍼센트의 독서량도 그리 칭찬받을 만한 점수는 아닙니다. 그렇게 책을 읽지 않아도 많은 사람이 별일 없는 듯 살아갑니다. 이쯤 되면 자연스레 또 다른 질문이 떠오릅니다. 자신을 '시팔이', 즉 '시詩를 파는 사람'이라 칭하는 하상욱 작가도 어느 잡지 인터뷰 중 같은 질문을 던졌습니다.

"책을 꼭 읽어야 하나요?"

그는 인터뷰에서 책보다 '고민'이 더 중요하다고 답했습니다. '책을 좋아한다고 진리에 근접한 사람이라고 보는 편견을 싫어할 뿐'이라고 덧붙입니다. 하상욱 작가 역시 책과 독서를 소중히 생각하는 사람입니다. 그러니 책을 썼겠지요. 그럼에도 책보다 '고민'을 우선으로 선택하라고 말합니다. 그리고 나서 마주하는 많은 고민에 더욱 집중하라고 강조합니다. 저는 아이들에게 독서를 교육하는 교사로서 '고민'이라는 단어 대신 '그리움'이라는 단어를 종종 꺼내 듭니다.

"책을 읽으면 무엇인가 그리워할 것이 생긴단다."

그 그리움이 꿈이 되고, 만남이 되며, 삶의 지표가 됩니다. 책이 아이들에게 읽어야 할 과제로 다가가지 않게 해야 합니다. 특히 책을 읽고 독후감을 쓰라고 강요하는 것 자체가 책 읽기를 즐겁지 않게 만듭니다. 어른들에게 저녁 뉴스를 보고 매일 일정 분량의 글을 적으라고 한다면, 대부분 뉴스를 시청하지 않을 겁니다.

철학 용어 중에 '선험적先驗的'이라는 말이 있습니다. '경험하기 이전에 이미 알고 있는 것'이라는 뜻입니다. 인간이 선험적으로 가지고 있는 것 중 하나가 바로 그리움입니다. 그리고 그 그리움이 고민으로 바뀝니다. 그 고민이 철학적 질문으로 태어납니다.

"나는 누구이며, 어디서 왔고, 무엇을 위한 존재인가?"

이러한 질문과 고민 속에는 자신에 대한 그리움이 내포되어 있습니다. 나를 찾는 질문을 한다는 것 자체가 자신을 그리워하는 행위이지요. 그래서 고민보다 그리움이 먼저입니다. 사람들은 그러한 그리움을 음악으로, 그림으로, 글로 표현합니다.

문화심리학자 김정운 교수는 《에디톨로지》에서 '글'과 '그림'이라는 단어가 '긁다'라는 말에서 유래했다고 설명합니다. 내 마음을 긁어내는 어떤 것, 그것이 곧 그리움이며, 그리움은 글과 그림으로 다시 태어난다고 말합니다.

결국 책 속의 글과 그림을 본다는 것은 내면 깊숙이 새겨진 그리움의 흔적을 다시 찾아가는 과정입니다. 어린 자녀에게 책을 읽어줄 때는 그러한 그리움을 안겨주듯 낭독해주시기 바랍니다. 깊이 새겨진 그리움일수록 아플 것이고, 아플수록 찾고자 하는 본인과 마주하게 됩니다. 초등 자녀에게 책을 선물할 때도, 내 자녀에게 어떤 그리움을 안겨줄 수 있을지 고민하여 책을 골라주시기 바랍니다. 읽어야 할 과제가 아닌 그리움을 받아 든 아이는 그 책으로 인해 고뇌하는 기회를 얻게 됩니다. 아이들이 무슨 고뇌와 같은 깊은 생각을 하겠냐고 물을 수 있습니다. 그 반대입니다. 아이들은 책 속의 단어 하나에 눈물을 흘릴 정도로 일치감을 느낍니다. 그러한 경험을 한 아이들은 어른이 되어도 책을 놓지 않습니다.

부모로서도 한 권의 책을 손에 들기 전에 내면의 그리움을 진지하게 마주할 준비가 되어 있는지 숙고할 필요가 있습니다. 우리 아이들이 성장해서 40퍼센트의 어른들처럼 그리움을 회피하지 않기를 바랍니다. 아이들에게 책을 쥐여주는 건 그리움을 마주할 수 있는 용기를 주는 숭고한 일입니다.

3부

득이 되는 관심
vs 독이 되는 관심

엄마 나이 마흔 즈음

출산 연령이 점점 늦어지면서 30대 초반에 아이를 낳는 가정이 많아졌습니다. 통계청이 발표한 '2015년 출생 통계'에 따르면 산모의 평균 출산 연령이 32.2세입니다. 갈수록 늦어지고 있지요. 아이를 키우며 어렵게 회사에 다니거나, 어렵게 회사를 그만두고 아이를 키웁니다. 워킹맘이든 아니든 처음 아이를 양육하는 모든 과정은 늘 긴장과 어려움을 수반합니다. 어린이집을 보내거나 유치원을 보내도 어느 하나 쉬운 일이 없습니다. 그렇게 우왕좌왕하다 어느새 학교에 입학합니다. 그리고 초등 중학년(3학년)이 되면 엄마 나이가 마흔에 가까워집니다. 열 살, 초등 3학년이 되었지만 아이가 하는 행동은 아직 한참 어리고 챙겨야 할 것이 많아 보입니다. 그러다 문득 알게 됩니다.

"내 나이 마흔이구나."

억울한 생각이 듭니다. 엄마만 나이를 먹어버린 것 같습니다. 그래도 마음 다잡고 아이를 바라봅니다. 엄마로서 최선을 다해보려고 다짐하며 아이에게 다가갑니다. 그리고 학교생활에 대해 몇 마디 물어봅니다. 그 순간 이런 말을 듣게 됩니다.

"짜증 나!"

"됐어!"

"몰라!"

아이는 이렇게 내뱉은 뒤 방문을 쾅 닫고 들어가버립니다. 잠시 후 찰칵 방문을 잠가버립니다. 그제야 가슴이 덜컥합니다. 생각지도 못한 그분(사춘기)이 바람처럼 나타난 것이지요. 대부분의 어머님들이 초등 아이들의 사춘기가 빨라졌다는 얘기를 듣긴 했지만 내 아이는 아닐 거라고 무시하고 지나갑니다. 그렇게 마음의 준비를 못 한 채 차가워진 아이의 눈동자를 마주합니다.

지난 10년간 자식 키우느라 나이 먹는 것도 잊은 채 마흔이 된 것도 억울한데, 그 보상이 '짜증'입니다. 이 시기 자녀의 짜증을 견뎌내기 어려운 이유는 엄마로서 더 이상 짜증을 받아줄 여유가 없기 때문입니다. 10년이면 정서적으로 고갈되기 딱 좋은 변곡점입니다. 그 변곡점의 시기가 하필 마흔이라는 숫자와 만나서 시너지를 발휘합니다.

'나도 이제 그냥 그렇게 나이를 먹는구나.'

그나마 아이가 공부라도 좀 잘하고, 성격이라도 좀 좋고, 친구들이랑 잘 어울리기라도 하면 한결 마음 놓을 텐데, 어느 하나 마음 놓을 만큼 평탄하지 않습니다. 제가 보기에 이즈음에 40대 어머님들도 흔들리는 사춘기를 맞이합니다. 초등 학부모로서 가장 민감해지는 시기이기도 합니다. 그 민감성은 불안감을 높여줍니다. 더 나아가 몸을 아프게 만드는 신체화 반응이 나타나기도 합니다.

평소 지각하지 않던 학생이 지각을 합니다. 염려되는 마음에 혹시 몸이 아팠던 건 아닌지, 등교하다 무슨 일이 있었던 건 아닌지 등 간단히 몇 가지를 물어봅니다. 그때 이렇게 대답하는 아이가 있습니다.

"엄마가 아파서 아침에 절 깨우지 못해서요."

이렇게 엄마가 아파서 늦게 깨워줬다는 이야기를 듣는 때가 주로 초등 3~5학년 시기입니다. 보통 아프면 몸을 잠시 쉬게 하기 위한 것이라고 말합니다. 하지만 무의식에서 보면 몸이 아픈 데는 또 다른 통제의 욕구가 담겨 있습니다. 말없이 몸으로 강한 메시지를 전달하고 있는 것이지요.

"엄마가 이렇게 아프니 너희는 나를 바라봐야 한다."

소리를 지르거나, 간청하거나, 애원하지 않아도 됩니다. 그냥 아프고만 있으면 식구들을 돌봐주던 사람에서 돌봄을 받는 대상으로 역전이 가능해집니다.

혹시 아이 아빠가 옆에 있다면, 이 챕터를 읽으시길 권합니다. 아빠들에게 말합니다. 자녀가 초등 중학년(3, 4학년) 이상이면서 아이 엄마는 마흔 즈음이고, 아내가 갑자기 독감에 걸려 누워 있다면, 무조건 집에 일찍 들어가기를 권합니다. 그리고 작은 아이를 다루듯 죽도 끓여주고, 눈도 맞추고, 체온도 직접 체크해주기를 바랍니다. 아빠가 그 역할을 제대로 해주지 못하면, 사춘기 자녀가 남편 역할을 대신하게 됩니다. 그 순간 엄마와 아이의 관계는 새로운 애착 관계로 계약되고, 사춘기 자녀의 주체적 독립에 혼란이 옵니다.

엄마의 마흔 자리 옆에 사춘기 자녀가 서 있지 않게 하는 것이 아빠의 책무입니다. 이 시기를 놓치면 아이의 사춘기는 아픈 엄마에게 종속됩니다. 이 말은 하고 싶지 않지만, 아빠는 남은 50년을 혼자인 듯 보내게 될 확률이 높아집니다. 아이 열 살, 엄마 마흔 살, 가장 긴장해야 할 사람은 아빠임을 잊지 마시기 바랍니다.

그렇다고 모든 역할을 아빠에게만 위임할 수는 없습니다. 마흔 즈음의 어머님들께도 전하고 싶은 이야기가 있습니다. 이수련 정신분석학 박사는 《잃어버리지 못하는 아이들》에서 이렇게 말합니다.

"엄마의 품을 벗어나기 위해 가장 먼저 만들어져야 하는 경계는 엄마의 품 밖입니다. 말하자면 엄마가 없는 곳이죠."

마흔 즈음이면 이제 아이에게 엄마가 없는 곳을 알게 해주어야 합니다. 그러기 위해 최선을 다해 아프지 마시기 바랍니다. 그래도 아프면 내키지 않더라도 가장 먼저 아이 아빠를 찾으시기 바랍니다. 그 자리를 10대 자녀로 채우려는 욕심은 버리셔야 합니다. 강하게 말씀드리겠습니다. 그건 심리적·정서적으로 자녀를 묶어놓는 비윤리적인 일입니다. 무의식이 시키는 대로 그런 실수를 하지 않으시길 바랍니다.

"우리 아이
상장 좀 주세요"

초등 학부모님들이 잘 모르시는 사실이 있습니다. 2019학년도부터 초등학생 학교생활기록부에 '수상 내용'이 사라졌습니다. 생활기록부를 출력하면 인적 사항, 출결 사항, 창의적 체험활동 상황, 교과학습 발달 상황, 행동 특성 및 종합 의견이 나옵니다. 예전에 보였던 수상 내용이 나오지 않습니다. 왜 그럴까요?

원인은 초등에 있지 않습니다. 표면상으로는 나이스NEIS 업무 경감을 위한 방안이지만, 대학 입시에 생활기록부 수상 기록이 영향을 미친다는 전제 때문입니다. 입시 과열을 막기 위한 교육부의 조치인 셈입니다. 아직 대입에 영향을 미치지 않는 초등학교까지 그 불똥이 튀었습니다. 그렇다고 학교에서 아이들에게 상장을 주지 않는 것은 아님니다. 단지 생활기록부에 수상 내용이 드러나지 않을 뿐입니다.

상장과 관련해 몇 년 전 일화가 떠오릅니다. 새 학기가 시작된지 두 달가량 지났을 때였습니다. 건우 어머님께 전화가 왔습니다. 건우 어머님과 저는 불과 얼마 전 학부모 상담 주간에 한 시간 넘도록 면담하고 충분히 이야기를 나누었습니다. 그런데 얼마 후 건우 어머님이 뭔가 다급한 톤으로 전화를 하신 겁니다. 전화 목소리에서 떨림이 느껴질 정도였습니다. 들어보니 아이가 갑자기 자신감이 떨어지고 주눅이 들어 힘들다는 내용이었습니다.

학급 담임으로서 보기에 건우는 대체로 밝은 표정이었기에 '내가 모르는 무슨 일이 있겠다' 싶었습니다. 아무래도 직접 만나 자초지종을 들어야 할 것 같았습니다. 최대한 빠른 일정으로 약속을 잡고 상담을 진행하기로 했습니다. 그리고 상담을 기다리는 며칠 사이 건우를 관찰했습니다. 보통 이런 상황에서는 상담 전에 아이를 살펴보면 무언가 실마리가 드러나기 마련입니다. 하지만 도무지 알 수가 없었습니다.

'분명 어머님의 목소리에 긴장감, 불안감이 있었는데….'

건우는 평소처럼 밝았습니다. 그리고 친구들과도 별문제 없어 보였습니다. 그냥 평범하게 학교 일상을 보내는 착하고 귀여운 아이였습니다. 드러나지 않게 고민이 있는 아이들은 보통 수업 중에 집중하고 있는 듯 보여도 딴생각에 빠져 있는 경우가 많습니다. 그래서 일부러 수업 시간에 건우에게 몇 가지 질문을 던져보았습니다.

건우는 답변도 잘했고, 수업 흐름에 무난하게 따라오고 있었습니다. 도대체 건우의 어떤 점이 어머님을 긴장하고 힘들게 했는지 알 수 없었습니다.

어머님은 면담하러 오는 사실을 건우가 모르길 원했습니다. 그래서 건우를 따로 불러 뭔가 집에 힘든 일이 있는지 물어보지도 못했습니다. 그냥 관찰만 했습니다. 별다른 힘겨움, 상처, 어두움 등은 찾아보지 못한 채 약속된 상담 날짜가 다가왔습니다. 일단 면담을 진행하면서 상황을 파악하기로 했습니다.

면담을 앞두고 긴장이 되었습니다. 제가 알지 못하는 어떤 폭풍같은 일이기에 그리도 떨리는 목소리였는지, 행여 담임인 제가 모르는 깊고 어두운 상처가 자리하고 있는 것은 아닌지 염려되었습니다. 제발 그렇지 않기를 바라며 어머님을 기다렸습니다. 사실 그날 점심 식사도 제대로 못했습니다. 불안함이 전이된 듯, 체할 것 같은 기분에 몇 수저 뜨고 모두 잔반통에 넣었습니다. 빨리 어머님을 만나 이야기를 들어야 했습니다. 학부모 상담 주간에 깊은 내면을 드러내지 않고, 나중에야 따로 조용히 아이의 상황을 이야기하는 학부모님들이 이따금 계시기에 이번에도 기다리는 것 말고는 다른 방도가 없었습니다.

어머님이 교실로 들어오셨습니다. 긴장감, 우울, 불안 등을 완화해준다는 재스민차를 미리 끓여놓았습니다. 교실에 차 향기가 퍼졌고, 너무 뜨겁지 않게 적당한 온도로 맞춘 차를 어머님에게 내어드렸습니다. 아무래도 긴 시간이 필요할 듯싶었기에 편안한 의자도 준비했습니다.

종이컵에 담긴 온기를 느끼듯 두 손으로 감싸 들고, 어머님의 이야기가 조심스레 시작되었습니다.

"우리 건우가 상장 욕심이 없어요. 그게 늘 안타깝습니다. 뭔가 성취감을 맛보아야 앞으로 계속 동기부여가 될 텐데… 그냥 관심이 없어요. 저학년 때 몇 번 열심히 도와줘서 그리기상도 받고, 일기상도 받고 했는데, 이젠 좀 도와주려 하면 짜증만 내고, 하기 싫다고 합니다."

20분 정도 관련된 이야기가 계속되었습니다. 아이가 이렇게 상을 받지 못하면 결국 자신감도 떨어지고 경쟁 사회에서 뒤처질 것이 너무 염려된다는 내용이었습니다. 그리고 결론은 건우가 상을 받을 수 있게 해달라는 취지였습니다.

순간 긴장이 풀리고 위에서 속쓰림이 시작되었습니다. 점심도 제대로 못 먹고 몇 시간 기다린 배에서 신호를 보내고 있었습니다. 그렇게 긴장할 일이 아니니 네 몸이나 챙기라는 신호였습니다. 교직 생활을 하면서 위장염이 좀처럼 낫지 않는 건 다 이유가 있습니다.

아이의 자신감 넘치는 도전은 상장에서 비롯되지 않습니다. 상장을 많이 받을수록 자존감이 높아지는 것도 아닙니다. 자존감은 상장을 받든 받지 않든 불안해하지 않고 아쉬워하지 않는 엄마의 시선에서 생겨납니다. 상장에 기대어 자녀의 자존감을 높이는 것은 확률상 더 어렵습니다. 보통 상장은 전교생 중에 우수, 최우수, 장려 이렇게 세 명 정도만 받을 수 있기 때문입니다. 이런 상장에 기대기보다 일단 도전하고 실패하는 과정을 대수롭지 않게 여기는 자세가 필요합니다.

아주 가끔 받아 올 수 있는 상장으로 내 자녀의 자존감이 한순간에 바뀔 가능성은 매우 미약합니다. 자존감은 꾸준히 매일 밥 먹듯이 반복될 때 깊게 자리합니다. 오늘 저녁밥 잘 먹는 아이의 모습을 대견하게 바라봐주면 됩니다. 그리고 아이의 머리를 쓰다듬어주는 것이 훨씬 더 효과적입니다. 철봉에 매달리려 애쓰다 떨어지는 모습을 기특하게 바라보는 그 순간들이 훨씬 더 아이가 스스로의 존재감을 느끼게 해줍니다. 아이는 마음껏 실패해도 되는 영역 안에서 자존감을 키웁니다.

이제 초등학교 생활기록부에 한 줄 적히던 상장의 기록도 그나마 사라졌습니다. 우리 학부모님들이 사라지는 흔적에 불안해하며 떨지 않았으면 좋겠습니다.

언제부턴가 재스민 향기가 싫어졌습니다. 이제 향기만 맡아도 반사적으로 속이 쓰려옵니다.

엄마는 '평가 대상'이 아니다

학급 아이와의 상담, 학부모와의 상담, 그 둘 사이에 큰 차이점이 있습니다. 그 차이점 때문에 저는 아이와 상담하는 것을 선호합니다. 아이들과 상담할 때는 범위가 자기 자신에서 벗어나는 일이 거의 없습니다. 내가 슬프고, 내가 화났고, 내가 짜증 나고, 내가 억울하고…. 누군가 나에게 무엇을 해서 결론은 내가 어떻다는 것으로 매듭지어집니다. 하지만 학부모와 상담하다 보면 방심하는 사이 한순간에 범위가 확대됩니다. 그 출발점은 집안 이야기입니다.

"어머님이… 애 아빠는 학원 한번 안 다니고도 늘 성적이 좋았고 결국 대학도 잘 갔다고… 애들을 그렇게 학원으로 돌려서 뭐 하냐고… 비싼 학원 그만 다니게 하라고… 어찌하면 좋을까요? 그나마 학원에서 미리 배워서 이 정도로 따라가고 있는데….”

어머님들과 상담하다 보면 자녀와 관련된 집안 이야기를 들을 때가 있습니다. 집안 이야기란 대부분 아이와 관련된 또 다른 사람과 연결되어 있습니다. 아이와 할머니, 아이와 아빠, 아이와 동생, 아이와 이모 등입니다. 이러한 이야기로 확대되기 시작하면 저도 모르게 살짝 긴장합니다. 일종의 ‘정신 차리기’입니다. 잘못하면 대화 도중 아이를 놓칠 수 있기 때문입니다. 시작은 아이와 연결되어 출발하지만 대부분 결론에 이르면 어느새 아이가 없어집니다. 엄마와 할머니, 엄마와 아빠, 엄마와 동생, 엄마와 이모만 남게 됩니다. 그리고 그 사이 갈등을 어떻게 해결해야 할지 제게 묻습니다.

많은 인간관계에서 주요 갈등은 서로 침범하지 말아야 할 경계선을 넘었기 때문에 생깁니다. 어디까지가 경계인지, 왜 내가 스스로 그러한 경계를 확대 혹은 축소했는지 등은 하루아침에 해결될 문제가 아닙니다. 또한 누군가 내가 설정해놓은 경계를 넘어왔을 때 처신하는 나의 행동 패턴의 원인을 찾아내는 것은 깊은 자각(성찰)이 있어야 가능합니다. 학급 담임교사가 겨우 20, 30분 이야기를 듣고 나서 이런저런 조언을 하는 것은 매우 위험한 일입니다. 그럼에도 한 가지만은 말씀드리고 싶습니다.

“‘엄마’라는 이름으로 평가받는 모든 것에 저항하시기 바랍니다.”

저항에는 여러 방법이 있습니다. 일단 부정하기, 회피하기, 맞대응하기, 싸우기(공격) 등이 있습니다. 제가 권하는 방식은 '의식하기'입니다. 누군가 나를 엄마로서 평가하는 순간, '지금 내가 평가받고 있구나' 하고 생각하는 겁니다. 즉, 감정에 앞서 그 상황을 의식하는 것이지요. 보통은 평가받는 순간 감정이 먼저 올라옵니다. 그러고는 어찌 대응해야 할지 몰라 머뭇거리거나 의도하지 않은 말을 합니다. 5분도 안 되어 그렇게 아무 말도 못한, 혹은 그렇게 말해버린 자신을 책망하고 후회하게 됩니다.

엄마라는 위치와 그 위치로부터 오는 책임감은 매우 무겁습니다. 그렇다고 엄마라는 이름만으로 무한히 평가를 받는 자리가 아닙니다. 초등 3학년 정도 되면 아이의 거의 모든 면이 다 드러납니다. 학습력은 형성되었는지, 자기 주도적으로 행동하는지, 친구 관계가 원만한지, 리더십이 있는지, 근면성은 어느 정도인지, 자신의 감정 처리는 어떻게 하는지 등 모든 것이 보입니다. 그러한 모습들이 보일 때마다 엄마는 아이와 관계된 주변 사람들로부터 평가받는 위치에 놓입니다. 그러나 엄마는 내 아이를 바라보는 시선을 가지는 '자격'을 부여받은 사람입니다. 세상 그 누구도 엄마의 시선을 대신할 수 없습니다. 엄마는 그런 고유한 권한을 부여받은 사람입니다. 안타깝게도 많은 타인이 자신이 그 역할을 더 잘할 수 있다고 말하며 엄마를 평가하기 시작합니다.

엄마가 스스로를 평가받는 위치에 놓는 순간, 엄마의 교육관은 사라집니다. 할머니의 말, 할아버지의 눈빛, 아빠의 태도에 따라 두서없는 자녀 교육이 시작됩니다. 가족이지만 그들도 타인입니다. 타인의 의견은 존중하되 방향성을 잃어서는 안 됩니다. '내 나름대로 내 아들을 잘 키웠다'는 시어머니의 경험담을 듣더라도 항상 자신의 기준과 비교할 준비가 되어 있어야 합니다. 내 아이에 관한 것만큼은 적어도 엄마로서의 결정권을 확보해야 합니다. 그러나 안타깝게도 좋은 며느리, 착한 아내의 모습으로 그 결정권을 넘겨줍니다.

"애미야, 상현이가 나눗셈도 못 하는 것 같구나."

이 말은 상현이가 나눗셈을 못 하니 옆에서 가르치라는 말이 아닙니다. 워킹맘인 건 알지만 그래도 너무 회사 일에만 신경 쓰지 말고 아이도 옆에서 잘 보살피라는 말입니다. 더 심하게 표현하면 이제 그만 다른 일 말고 귀중한 '내 손주'만 챙기라는 뜻입니다. 그리고 그 뉘앙스는 목소리 톤, 시선을 통해 전부 전달됩니다. 그때부터 보이지 않는 신경전이 시작됩니다.

《미움받을 용기》로 국내에서 심리학의 대중화에 큰 영향을 미친 기시미 이치로는 《마흔에게》에서 이렇게 말합니다.

"부모의 행복과 불행은 아이에게 전염됩니다. 아이의 행복을 바란다면 부모가 먼저 행복해지지 않으면 안 됩니다."

참고로 저는 이런 말을 덧붙이고 싶습니다.

"평가받는 사람은 행복하지 않습니다."

엄마를 그런 행복하지 않은 위치에 세워놓지 마시기 바랍니다. 결국 소중한 내 아이도 늘 평가받는 위치에서 행복하지 못한 청소년으로 성장합니다.

행복은 합리적이지 않다

깜짝 놀랐습니다. 한국의 청소년 사망 원인 1위가 '자살'이라는 뉴스를 들었을 때보다 더 놀랐습니다. 적어도 뉴스의 주요 대상은 대부분 중등 이상의 청소년이었습니다. 하지만 이번 뉴스는 대상이 초등학생이었습니다.

교실에서 뛰어노는 아이들을 바라보며 그래도 안심했었습니다.

"그래, 그나마 초등 시기라도 행복해서 다행이다."

그것은 저의 착각이었습니다. 우리나라 초등학생들의 행복감에 대해 언급한 뉴스를 본 순간 알았습니다. 〈국제비교 맥락에서의 한국 아동의 주관적 행복감〉(서울대학교 사회복지연구소와 세이브더칠드런 공동연구) 연구 결과를 언급한 뉴스였습니다. 연구에 참여한 22개국 중

한국 초등학생들의 행복감은 19위였습니다. 22개국 중 19위, 이 정도면 바닥 수준입니다. 특히 '시간 사용에 대한 만족도'는 22개국 중 꼴찌였습니다. 우리 아이들은 이렇게 행복감이 낮은 상태로 청소년기에 입문하고 있었습니다. 그러니 청소년기 우울, 폭력, 자살이 많은 건 당연한 수순이었습니다. 뉴스를 접하고 갑자기 우리 반 아이들이 걱정되었습니다. 다음 날 아침, 아이들에게 간단한 설문을 했습니다. 점수표가 담긴 간단한 체크리스트를 만들고, 그 이유를 적을 수 있는 칸을 마련해서 나누어 주었습니다.

"잠시 눈을 감고 내가 행복한지 떠올려보세요. 그리고 10점 만점에 몇 점 정도 줄 수 있을지 생각해보세요. 매우 행복하면 10점, 전혀 행복하지 않으면 1점입니다. 점수를 적고요. 그렇게 점수를 준 이유를 아래에 꼭 적어주기 바랍니다."

5학년 우리 반 아이들이 행복에 점수를 매긴 것을 표로 정리했습니다. 표를 보면서 혼자 중얼거렸습니다.

"22명 중 5점 이하 여섯 명, 보통에 해당하는 6, 7점이 아홉 명, 행복하다고 느끼는 8점 이상이 일곱 명…. 이 정도면 그래도 3분의 2 이상이 보통보다 높네. 다행이다."

점수	3점	4점	5점	6점	7점	8점	9점	10점
인원	1명	3명	2명	3명	6명	2명	4명	1명

점수만 보았을 때 보통 이상의 행복감을 느끼는 아이들이 22명 중 16명이었습니다. 일단 안도의 한숨을 내쉬었습니다. 하지만 그리 오래 안도할 수 없었습니다. 아이들이 써놓은 이유들을 보니, 우리 반 아이들이 그럭저럭 행복감을 느낀다고 생각한 건 적절한 해석이 아니었습니다.

10점인 아이 한 명 빼고 아이들은 자신이 그렇게 행복하지는 않다고 생각하고 있었습니다. 행복하지 않은 이유는 간단했습니다.

"학원 가기 싫어서."

"학원 숙제가 너무 많아서."

"학원 숙제 하느라 늦게까지 잠을 잘 수 없어서…."

심지어 행복 점수 9점을 적어낸 학생의 이유에도 학원이 들어 있었습니다.

"난 그나마 학원을 한 개밖에 가지 않아서 9점이다. 그것만 안 가면 10점인데 아쉽다."

행복감을 7점이라고 적어낸 아이 중 점수를 후하게 준 이유를 자세하게 설명한 학생이 있었습니다.

"나는 학원을 많이 다닌다. 그래도 7점을 준다. 이유는 학교에서 쉬는 시간, 중간놀이 시간, 점심시간에 친구와 놀 수 있어서."

만약 그 아이가 학교에서의 쉬는 시간이나 점심시간에 같이 놀 친구가 없었다면, 행복 점수는 훨씬 더 낮았을 겁니다.

시카고 대학교 리처드 세일러 교수는 2017년 노벨 경제학상을 수상했습니다. 그는 수상으로 받은 상금을 어떻게 사용할 거냐고 묻는 기자에게 이렇게 말했습니다.

"가능한 한 합리적이지 않은 방식으로 그 돈을 쓰겠습니다."

매우 합리적으로 생각할, 생각해야 할 듯한 경제학자가, 그것도 노벨 경제학상을 수상한 교수가 대답한 말은 '합리적이지 않은 방식'이었습니다. 참으로 아이러니한 대답이었습니다. 그 비합리적인 방식이 어떤 의미인지는 정확히 해석하기 어려웠습니다. 그래도 일단 그 대답을 듣고 저도 모르게 웃음이 나왔습니다. 작은 행복감이 들었습니다. 이전의 전통 경제이론과 달리 '제한적 합리성'을 추구하는 그 태도에 뭔가 인간적 감성이 내포된 것이 아닐까 하는 생각이 들었습니다.

지금 많은 아이들이 선행학습이라는 합리적 이유 때문에 행복과 거리가 먼 상태에 있습니다. 그들은 매우 합리적으로 학원을 다니고 효율적으로 많은 양의 공부를 하고 있습니다. 그 대가로 낮은 행복도를 보입니다.

저는 그동안 많은 시간, 아이들의 자존감을 걱정했습니다. 하지만 그 걱정은 그나마 배부른 고민이었습니다. 행복감이 낮은 아이들은 당연히 자존감이 낮아집니다. 아무리 자존감을 높여주려 이런저런 방법들을 들이밀어도, 행복하지 않은 아이에게는 아무 소용이 없습니다. 좋은 한약을 먹여도 흡수를 못 하는 것과 같습니다. 일단 어떻게 해서라도 아이들이 웃게 만들어야 합니다. 웃기는 게 먼저입니다. 행복감이 낮은 아이에게 자존감이 머물 자리는 없습니다.

아이들이 자신의 시간을 '비합리적으로' 소비할 수 있는 기회가 많이 주어지길 바랍니다. 비합리적이란 말은 갑자기 뜬금없이 떠나는 여행과 같습니다. 계획 없이 떠나고 싶다는 마음이 드는 순간 자리에서 일어나는 겁니다. 이런저런 이유 때문에 할 수 없다고 답변하지 않는 것입니다.

가끔 딸아이가 뜬금없이 말합니다.

"아빠, 바다가 보고 싶어."

"그럼 가까운 바다가… 강화도 갈까?"

이상하게 딸아이는 꼭 제가 원고 마감에 시달릴 즈음이면 바람을 쐬고 싶어 합니다. 덕분에 매우 비합리적인 행동을 하게 되고, 행복감은 배가 됩니다.

아이가 어딘가 가고 싶다고 할 때, 한 번쯤은 아무 계산 없이 다녀와보시길 바랍니다. 생각한 것처럼 큰일이 일어나지 않습니다. 원고를 기다리는 출판사만 좀 고달플 뿐이지요.

"자존감을
양보하지 마세요"

개인적으로 힘든 학부모 요청이 있습니다. 예고 없이 불쑥 교실을 찾아오십니다. 지금까지 많은 상담을 했습니다. 이메일로 답장도 많이 해드렸습니다. 그래도 이런 요청들에는 매번 적응이 잘 안 됩니다.

"선생님, 소문 듣고 찾아왔습니다. 선생님 반이 되면 엄마가 망쳐놓은 자존감을 회복시켜주신다고 들었습니다. 내년에 우리 아이 담임이 되어주세요."

똑같은 요청이어도 목소리와 억양, 표정은 각각 다릅니다. 그 비언어적인 요소를 통해 바로 알아차립니다. 어떤 분은 거의 협박에 가깝습니다. 그렇게 하지 않으면 무슨 큰일이 일어날 것 같은 두려움을 느낄 정도입니다. 제가 담임이 되지 않아서 나중에 아이에게 어떤 일이라도 생기면 그건 다 저의 책임이라는 듯한 느낌을 주십니다. 그럴 땐 억울한 마음이 들기도 합니다.

'어머님이 망쳐놓으셨으면 어머님이 책임지셔야지, 왜 제게 와서 보따리를 내놓으라 하시는지….'

어떤 분은 뭐랄까… 신내림을 받으신 듯한 표정으로 말씀하십니다. 그냥 무조건 우리 아이 담임이 되어야 한다고 단언하십니다. 하늘에서 그렇게 운명 지어준 다양한 사례를 간증하듯이 말씀하십니다. 너무 확고하게 단언하셔서 어느 때는 그 말에 그냥 믿음(?)이 가고 무슨 새로운 신앙이 생기는 듯한 묘한 기분마저 듭니다. 그럴 때는 아무 말도 하지 않고 꾹 참습니다. 잘못하면 저도 모르게 '아멘'이라고 말할 것 같은 분위기입니다.

어떤 분은 무리한 부탁인 줄 알지만 그래도 이렇게라도 찾아올 수밖에 없었다는 뉘앙스를 줍니다. 지금 상황에서 뭐라도 할 수 있는 건 다 해봐야 한다는 표정입니다. 부모로서의 염치나 자존심 같은 건 다 버려도 좋으니, 일단 이렇게라도 달려와서 말해본다는 느낌입니다.

방식이야 어떻든 괜찮습니다. 협박이든 신 내린 듯한 단언이든 무리한 부탁이든 괜찮습니다. 그분들은 그렇게 할 수밖에 없었기 때문입니다. 그리고 결정적으로 어떤 경우든 공통점이 있습니다. 바로 '간절함'입니다. 그 간절함 때문에 늘 고민이 됩니다. 그리고 그 부탁을 꼭 들어드리고 싶습니다. 그런데 저를 결정적으로 힘들게 하는 게 있습니다. 제게 아이를 선택할 수 있는 권한이 없다는 사실입니다. 담임교사는 이 아이, 저 아이 골라서 받을 수 없습니다. 학교에는 분반 기준이 있습니다. 그 기준에 따라 분반된 아이들의 명렬표를 받습니다. 30명의 이름이 적힌 종이가 담긴 봉투를 받을 때까지 누가 우리 반이 될지 알 수가 없습니다. 봉투를 열어보고 나서야 1년 동안 함께할 아이들을 알 수 있습니다.

내년에 꼭 우리 아이 담임이 되어달라고 말씀하시고 가시지만 막상 명렬표를 열어보면 대부분 그 이름이 없습니다. 뿐만 아니라 아예 학년 자체가 다르게 배정될 때도 많습니다. 그렇게 아이의 이름이 없으면 뭔가 그 어머님께 빚을 진 느낌이 듭니다. 자꾸 제게 빚을 안겨주지 않으셨으면 하는 바람입니다.

사실 다른 반으로 간 아이의 자존감을 보살피는 건 거의 불가능합니다. 한 아이의 자존감을 살펴주려면 최소 세 달 정도는 그 아이의 전반적인 학교생활을 면밀하게 관찰해야 합니다. 다른 아이와의 관계에서 보이는 표정, 말투, 행동, 무의식적 반응, 농담, 감정의 변화, 회피, 공격 등 무수한 요소들을 바라봐야 합니다. 때로는 종합적으로 때로는 세부적으로 파고들어야 합니다. 단순하게 말씀드려 관심의 대상이 되어야 합니다. 더욱 중요한 건 아이가 그걸 느껴야 한다는 점입니다.

'내가 지금 담임 선생님에게 관심을 받고 있구나.'

이 구체적이고 사실적인 느낌이 아이 자존감의 씨앗이 됩니다.

지역 도서관, 지역 교육청, 방과 후 육아 공동체 등에서 학부모를 대상으로 한 자녀 교육 관련 강연 프로그램들을 운영합니다. 대부분 교육청이나 정부 산하기관에서 지원금을 받아 강사를 초청하고 교육 강연회를 엽니다. 최근 몇 년간 부쩍 '자녀의 자존감' 관련 강연이 자주 기획되고 있습니다. 그만큼 학부모들이 자녀의 자존감에 관심이 많다는 의미겠지요.

주말에 강연 요청으로 여러 지역을 다니다 보면 학부모들의 눈빛에서 간절함이 엿보입니다. 어떻게 해서든 내 아이의 자존감을 높여주고 싶다는 강한 원의가 보입니다. 뭔가 기죽어 보이고, 자신감 없어 보이는 우리 아이를 위해 무엇부터 시작해야 할지 물어봅니다. 물어보는 표정에서 그간의 힘겨움들이 드러납니다.

갑작스레 교실에 찾아와서 내년에 우리 아이 담임교사가 되어달라고 요청하는 모습, 지역 강연 후 달려와 자녀의 무너진 자존감에 대해 하소연하는 모습은 모두 같은 마음입니다. 그렇게 간절한 학부모님들께 드리고 싶은 당부가 있습니다.

"자존감을 자녀에게 양보하지 마십시오."

자존감은 자녀가 아니라 학부모가 먼저입니다. 엄마로서, 아빠로서의 자존감을 먼저 회복해야 합니다. 통계상으로 분명합니다. 자존감이 낮은 아이들을 대상으로 부모의 자존감을 조사하면 대부분 자존감이 낮게 나옵니다. 반대로 자존감이 높은 아이들의 부모는 자존감이 높습니다. 부모로서 나 자신의 자존감은 돌보지 않으면서 자녀의 자존감을 살리려고 노력해봐야 실패가 반복될 뿐입니다. 급한 마음에 자녀의 자존감을 어떻게 살릴 수 있을까 염려하기보다 일단 '나(학부모)'의 자존감을 먼저 살펴야 합니다. 그러면 자연스레 일상에서 자녀의 자존감에 긍정적 영향을 줍니다.

학부모로서 자존감을 회복하려면 방법은 아이들과 같습니다. 먼저 관심의 대상이 되어야 합니다. 엄마의 요즘 생활이 어떤지, 아빠의 요즘 떠오르는 생각이 무엇인지 먼저 알려주는 겁니다. 관심의 대상으로 자신을 내놓는 작업입니다.

"엄마가 어제 마트에 갔는데 요즘 물가가 너무 올라서 참치 캔 몇 개 사는데 한참을 고르게 되더라."

이런 이야기를 주고받는 사이에 아이는 자연스레 엄마의 일상에 관심을 갖게 됩니다. 그런 대화 속에서 엄마로서의 자존감이 조금씩 회복됩니다. 하지만 대부분 부모님의 질문 속에 자신은 없습니다. 방향이 아이를 향합니다.

"오늘 학교에서 어땠어?"

"오늘 학원은 잘 갔다 왔지?"

"숙제는 다 한 거야?"

6년 동안 매일 똑같은 질문을 합니다. 365번 곱하기 6년이면 2,190번입니다. 그 정도로 질문을 하고 나면 '자아'는 없어집니다. 엄마의 자존감은 힘이 빠집니다. 엄마로서의 자존감을 먼저 챙기시기 바랍니다. 양보하시면 안 됩니다. 그래야 둘 다 삽니다. 앞으로 자녀에게 질문할 때는 이런 것들로 하시기 바랍니다. 자녀의 관심 어린 시선 속에 자존감이 솟아나기 시작할 겁니다.

"어제 엄마 이상형이랑 비슷한 사람 봤어. 너 엄마 이상형 알아?"

"아빠 같은 사람?"

"미쳤구나."

심리적 독립을 꿈꾸게 하다

학부모 상담 중 이런 걱정을 하시는 분들이 제법 많습니다.

"4학년씩이나 됐는데, 스스로 할 줄 아는 게 없어요."

"뭘 좀, 혼자 목표도 세우고 그래야 되는데…."

"자기 스스로 열정적으로 파고드는 게 없어요."

"맨날 억지로 시켜야 해요. 답답합니다."

효리 어머님은 그런 고민을 하시던 부모님 중 한 분이었습니다. 너무도 진지하게 물어보셨기에 저 또한 최대한 집중해서 이야기를 들었습니다. 어떻게 하면 효리가 자기 스스로 준비하고, 기획하고, 주도적으로 생활해나갈 수 있을지 작은 부분부터 습관화할 수 있는 방안들을 이야기해드렸습니다. 학급에서도 가급적 효리가 부담스러워하지 않을 정도의 수준에서 주도적으로 과제를 해나가도록 도와주었습니다. 1년이 지났고, 효리는 다음 학년으로 올라갔습니다. 그렇게 시간이 지나갔습니다. 그리고 몇 년 뒤 6학년이 된 효리를 다시 맡았습니다. 어머님이 상담을 요청했고, 이런 말씀을 하셨습니다.

"요즘 효리 때문에 힘듭니다."

"어떤 부분이 힘드신지…."

"효리가 좀처럼 말을 듣지 않아요."

"네? 조금 구체적으로 말씀해주세요."

"제가 뭐라고 조금만 말하면 기분 나쁘게 말하고 방으로 들어가버립니다."

"뭐라고 말하는데요?"

기분 나쁘게 말하고 들어가버린다는 그 말, 사실 몇 년 전만 해도 어머님이 가장 듣고 싶어 했던 말이기도 합니다.

"엄마, 내가 알아서 할게."

"엄마, 됐어. 다 알아. 그냥 좀 내버려둬."

"내가 한다고!"

분명 몇 년 전만 해도 어머님은 효리가 스스로 다 알아서 하기를 바란다고 말했습니다. 그런데 지금은 알아서 하겠다는 말에 가장 서운함을 느낍니다. 참으로 아이러니한 일이 아닐 수 없습니다. 이렇게 자녀가 선을 긋는 듯한 말을 들으면 그 서운함을 어찌할 줄 모릅니다. 물론 아이들이 알아서 한다고 하는 것들이 뭔가 부족해 보입니다. 결국 어떻게 될지 결론이 다 보이기 때문에, 그냥 놔둘 수 없다고 말합니다. 이쯤 되면 스스로에게 질문을 던져야 합니다.

"정말 내가 부모로서 아이에게 원하는 게 뭐지?"

"정말 우리 민지가 스스로 알아서 하기를 바라나?"

아마도 대부분 이렇게 대답하실 겁니다.

"난 정말 우리 아이가 스스로 잘해나가길 바라."

"그럼, 우리 율이가 혼자서 해내길 바라지."

"네가 뭐든 스스로 해내겠다고 하면 도와줘야지."

안타깝지만 그렇지 않습니다. 부모가 아이들에게 바라는 것은 그렇게 단순하지 않습니다. 문장에 몇 마디가 더 추가됩니다. 어른들이 바라는 대부분의 '스스로'는 이렇습니다. 우리는 대체로 아래 문장처럼 괄호 안의 말을 빼놓고 생각합니다.

'우리 아이가 (알아서 내가 말하는 대로) 스스로 하기를 바라지.'

아이가 스스로 하되, 부모가 말하는 대로 스스로 하기를 바랍니다. 그러면서 고민합니다.

"우리 아이가 스스로 하지 못해요."

주체적으로 스스로 알아서 한다는 건 자존감과 밀접한 관련이 있습니다. 자존감이 높은 사람은 나의 존재감뿐 아니라 타인의 존재감을 인정합니다. 바꿔 표현하면, 타인이 정말 스스로 잘 존재하기를 응원하고 그 상태를 유지합니다. 여기서 스스로 잘 존재한다는 말은

'근원이 나에게서 출발된 욕망'을 간직한 상태를 의미합니다. 이것을 간단히 말하면 이렇게 됩니다.

"너의 욕망대로 스스로 잘 존재하기를 바라."

심리적으로 독립된 존재로 살아간다는 건 참으로 어려운 일입니다. 자신의 지난 아픔들을 위로해주어야 합니다. 그러기 전에 아픔들을 바라보아야 합니다. 바라보면서 떠오르는 억압, 분노, 화 등을 안겨준 타인을 인식해야 합니다. 여기서 인식이란 가해자였던 타인이 나를 위한다는 명목으로 행했던 그 모든 것이 거짓이었다는 사실을 인정하는 겁니다. 인정하기 쉽지 않습니다. 어디서부터 풀어야 할지 모르는 복잡한 실타래를 풀다 보면 끝이 없어 보이고 지칩니다. 그래도 멈추지 말아야 합니다. 심리적 독립을 이루는 것만큼 자유로워지는 경험도 없기 때문입니다.

엄마로서 이전에, 여자로서 이전에, 사람으로서 이전에, 존재하고 있는 한 대상으로서 자신을 바라보기 바랍니다. 이 세상에서 가장 의미 있는 일은 '자아'라는 '존재'를 온전히 독립시키는 겁니다.

아이가 혼자 스스로의 욕망을 갖기를 바란다면, 엄마 먼저 '자아'의 욕망을 찾아야 합니다. 엄마의 부모로부터 전수받은 욕망이 아닌, 어린 시절 내 안에서 살아 숨 쉬면서 올라왔던 '자아 욕망'을 먼저 보아야 합니다. 나의 주체적 욕망이 주는 자유로움을 맛보아야 자녀에게도 진심으로 말해줄 수 있습니다.

"너의 원의를 찾아 떠나."

무언가를 스스로 할 수 있다는 말은 혼자서 그 일을 잘 해낸다는 뜻이 아닙니다. 스스로 할 수 있다는 건 자신이 한 일에 대해 결과가 어떻든 책임을 질 수 있다는 의미입니다. 그러한 책임은 그 일이 나의 원의에서 출발했을 때 가능합니다. 그렇지 않고서는 대부분 책임에서 회피합니다.

"엄마가 하랬거든요(난 잘못이 없어요)."

아이가 엄마와 멀어질수록 자기 욕망과 가까워지고 있다는 사실을 위안으로 삼으시길 바랍니다. 언젠가는 독립할 아이입니다. 연습하지 않고서는 불가능합니다.

엄마 말고
어른 되기

이 책을 읽는 학부모 대부분은 초등생 자녀 때문에 이 책을 고르셨을 겁니다. 아이와의 관계를 지금보다 더 이상적으로 맺기 위해서이지요. 많은 경우 나와 자녀의 관계는 내가 경험했던 나와 내 부모의 관계와 비슷하게 흘러갑니다. 내가 자녀와 새로운 관계 맺기를 하려면, 그 매듭은 이전의 내가 아닌 새로운 나로 재정립되어야 합니다. 재정립에 필요한 첫 번째 단어는 '화해'입니다.

화해의 첫 번째 과정은 먼저 어린 시절의 '나'를 만나는 것입니다. 가장 좋은 방법은 심층심리분석가를 만나 나의 이야기를 들려주는 겁니다. 그러나 좋은 심층심리분석가를 찾는 것도 어렵거니와 시간도, 비용도 만만치 않습니다. 그래서 많은 사람들이 그냥 포기합니다. 포기하지 않는 방법은 가급적 혼자 있는 시간을 만드는 겁니다. 여행을 떠나는 방법도 있습니다. 꼭 한적한 곳으로 갈 필요는 없습니다. 중요한 건 '혼자'여야 한다는 점입니다.

혼자 여행을 떠나는 것은 집중적으로 바라보기 위해서입니다. 그 전에 사전 작업이 필요합니다. 매일 일정한 시간 꾸준히 내적인 작업을 해야 합니다. 10분도 좋고, 20분도 좋습니다. 산책을 하면서 또는 새벽에 일어나서, 아니면 잠들기 전 나에게 나의 어린 시절을 들려줍니다. 일기를 쓰듯 적어 내려가도 좋습니다. 또는 녹음기를 틀어놓고 나의 어린 시절을 이야기합니다. 그리고 그 이야기를 산책하면서 듣습니다. 나에게 들려주는 나의 이야기이죠. 화가 나는 장면도 있고, 가슴 아픈 장면도 있습니다. 죽을 것 같은 순간들도 있습니다. 눈물이 맺히고 또는 폭포수처럼 쏟아지기도 합니다. 통곡하며 울 수도 있습니다. 말하다가 혹은 듣다가 너무 힘들면 잠시 멈춰도 됩니다. 급할 것은 없습니다. 어차피 말해줄 나와 들어줄 나는 항상 대기하고 있으니까요.

어떤 이야기와 장면 들이 쏟아지더라도 놓지 말아야 할 것이 있습니다. 그 상황은 과거 어린 시절 내가 직접 마주했던 것이라는 사실입니다. 그리고 그 시절은 지나갔지만 그때 아프고 두렵고 힘들어했던 '소년' '소녀'는 아직도 그 모습 그대로의 감정을 지닌 채 여기 이렇게 서 있다는 사실입니다. 그 소년, 소녀는 사라지지 않았습니다. 마치 구천을 떠도는 한 맺힌 영혼들처럼 내 무의식 속을 떠돌아다니고 있었습니다. 그를, 그녀를 만나 위로해주어야 합니다. 그 위로의 순간들에는 주로 이런 말들이 나옵니다.

"미안하다. 그땐 내가 너무 어렸다."

"이제 괜찮아. 그땐 내가 힘이 없었지만, 지금은 아니야. 이제 내가 널 지켜줄게."

"얼마나 아프고 힘들었니."

"얼마나 억울했니. 그 순간 분하고 억울했지. 그래도 잘 견뎠어. 잘했어."

"많이 부끄러웠지. 그 따가운 시선들…. 네 잘못이 아냐."

"얼마나 외롭고 힘들었니. 그 순간 넌 혼자였지. 이제 내가 있잖아. 이렇게 커진 내가 있잖아."

가장 중요한 건 나에게 '미안하다'고 말하는 겁니다. 이 첫 번째 과정을 거치면 심리적 자아는 어른이 되어 있습니다. 나이와 몸은 이미 오래전에 성인이 되었지만, 심리적 '나'는 이제야 성인식을 치르게 됩니다. 무의식 세계를 떠돌던 어린아이들은 이제 사라집니다. 어깨가 가벼워지고 발걸음이 새롭습니다. 그리고 새로운 선택들을 할 수 있는 용기가 주어집니다.

이제 두 번째 단계입니다. '진짜 혼자 있음'을 만나는 시간입니다. 첫 번째 단계에서도 '혼자의 시간'을 이야기했는데, 두 번째 단계에서 '진짜 혼자 있음'이라니 무슨 말인지 이해가 안 될 수도 있습니다. 이런 겁니다. 첫 번째의 혼자는 '어린 시절의 나'를 만나기 위한 시간이었습니다. 눈에 보이는 타인이 아닌, 내면의 '어린 나'를 만나기 위한 혼자였습니다. 이제 그를 만났고 미안하다고 말해주었고 그는 갈 길을 갑니다. 그 뒤부터 진짜 혼자 있는 시간이 됩니다. 성인이 된 채 홀로 있는 나를 누려보는 겁니다. 그 시간의 이름은 '고독'입니다.

　사실 많은 이들이 고독이 두려워 어린 시절의 '나'를 떠나보내지 않고 붙들고 있습니다. 당연히 그 과거를 벗어버리고 싶다고 아우성 치지만 그 아우성의 그늘에 지속적으로 머물고 되돌아오는 것은 고독에 대한 두려움 때문입니다. 잠재된 의식들은 이미 다음 수순을 알고 있습니다. 결국은 혼자가 되어야 한다는 사실, 그리고 한 번도 그렇게 해보지 않았다는 두려움이 과거로부터 벗어나지 못하는 원인입니다.

　주체적 어른이란 어린 시절의 나와 화해한 후 혼자 서 있는 나를 마주한 자아를 말합니다. 그 시기는 지금의 나와 만나는 시간이며 외롭습니다. 그 고독을 회피하면 주체적 자아로 일어서기 어렵습니다. 계속 '자아'는 없는 채 '타인'만 찾아 돌아다닙니다. 어린 시절의 나를 보내버리고 그 공허함을 자꾸 타인(배우자, 아이들)으로 채우려 하는 거지요. 그래서 자꾸 불만이 생깁니다. 그들이 나를 자꾸 외롭게 만든다고 생각하기 때문에 불만과 애착이 점점 더 커지고 실망이 반복되고 화가 납니다. 원래 자아는 외롭습니다. 나 말고 또 다른 내가 없기

때문에 자아는 늘 외롭습니다. 가족과 함께 있지만, 자아는 주체적
이어야 합니다. 그러자면 '고독한 나'를 외면하지 말고 바라봐야 합
니다. 혼자 있음의 시공간을 확보하고 익숙해지는 과정이 필요합니
다. 혼자 있는 나에게 음악을 들려주고, 책을 읽고 산책하는 시간을
줍니다. 잠깐 명상하듯 가만히 있는 시간도 줍니다. 그러한 과정들을
통해 소중한 나를 느끼고, 내가 있음을 인지하게 됩니다.

이 정도 과정을 거치고 나면 이제 마지막 세 번째 단계로 자연스
럽게 이어집니다.

세 번째 단계에서는 이제야 진짜 엄마가 되기도 하고, 진짜 아내
가 되기도 합니다. 또는 이전과 다른 직장인이 됩니다. 이렇게 주체
적 어른이 된 후부터 맺는 관계들은 이전과 다르게 선택과 집중을 하
게 됩니다. 또 책임도 스스로 지게 됩니다. 그리고 이런 말을 주체적
으로 할 수 있게 됩니다.

"싫습니다."

"그건 아닌 것 같습니다."

"여기까지 하겠습니다."

"그건 네가 할 일이야."

"그건 당신이 했으면 좋겠어."

그리고 중요한 것에 더욱 집중하는 여유가 생깁니다. 그 중요한
것은 각자 다 다릅니다. 그제야 내가 무얼 원하는지 알게 됩니다. 그

걸 주체적 욕망이라고 합니다. 진짜 원의를 알게 되죠. 엄마가 자신의 원의를 찾고 쫓는 모습을 보면, 아이도 저절로 자기 원의를 찾는 방향으로 갑니다. 대대손손 덧씌워진 욕망을 벗어던지는 첫 번째 자손이 되시길 바랍니다.

엄마 결정 장애 극복하기

"우리 정국이 학원 보내야 할까요, 말아야 할까요?"

"선행학습은 꼭 해야 하나요?"

"방과 후 수업이랑 학원이랑 겹치는데 어떤 걸 하는 게 좋을까요?"

"스마트폰을 사 달라는데 어떻게 할까요?"

"지민이가 공부는 안 하고… 이걸 혼낼까요, 말까요?"

"맨날 밤늦도록 게임만 하는데… 어쩔까요?"

"우리 애한테 욕을 했다는데… 이걸 학교 선생님께 말해야 할까요?"

"맞벌이라 어쩔 수 없이 학원 돌려야 하는데… 무슨 학원이 좋을까요?"

"이번 방학부터는 영어 공부에 좀 집중시키고 싶은데 괜찮을까요?"

"다양한 체험을 많이 하면 좋다는데 어떤 것부터 할까요?"

이상합니다. 엄마가 결정할 것들이 끊임없이 이어집니다. 하나를 결정하면 두 개의 결정할 거리가 생깁니다. 방학이면 더 늘어나고, 이제 개학했으니 없겠다 싶으면 또 생깁니다. 하다못해 철마다 쑥쑥 커버리는 아이 체육복을 더 구입해야 할지 말지도 고민됩니다.

수많은 결정 사이에서 고민하다 보면 금방 지칩니다. 지치면 결정을 미루게 되고, 다음 날 더 많은 결정들 사이에 놓입니다. 상황은 악화되고 결정할 것들은 고민거리로 바뀌어 마음을 우울하게 만듭니다. 이 모든 것을 나 혼자 감내해야 한다는 사실이 '분노'로 차곡차곡 가슴 깊이 쌓입니다. 어렵사리 결정해서 진행하는데 돌아오는 건 대수롭지 않다는 듯 판단 섞인 목소리들입니다.

"그 학원을 꼭 보내야 했어? 돈 아깝게….'

"좀 신중하게 결정했어야지."

"좀 진작에 했어야지. 이미 늦은 거 아냐?"

윤홍균 정신의학과 전문의는 《자존감 수업》에서 이렇게 밝힙니다.

"결정을 잘해야 자존감이 올라갑니다. 그런데 자존감이 낮은 사람들은 사소한 것도 잘 결정하지 못합니다."

많은 엄마가 쏟아지는 결정들 앞에서 판단이 서지 않고, 점점 더 자신이 없어집니다. 선택하면 할수록 확신이 없고, 흔들리며, 그러한 자신의 모습을 보면서 엄마로서의 자존감이 계속 낮아집니다. 사실 엄마들 잘못이 아닙니다. 개인이 감당하기에는 선택지가 너무 많은 환경 속에 살고 있습니다. 새 학기가 시작해 아이가 학교를 다녀오면 하루에도 대여섯 개의 가정통신문이 스마트폰 알리미 서비스로 밀려옵니다. 이전 같으면 퇴근 후 아이가 가져오는 종이로 된 가정통신문을 하나씩 살펴보며 결정했겠지만, 이제는 수시로 알림이 뜹니다. 직장에 있다가도 알림을 받고 열어봅니다. 그 순간 이미 마음속에서는 결정해야 할 사안들이 복잡하게 꼬이기 시작합니다.

엄마들이 결정을 잘 못 하는 이유는 자녀에 대한 결정이기 때문입니다. 조금이라도 더 나은 무언가를 찾아주어야 한다는 생각이 자꾸 결정을 미루게 만듭니다. 한 번 더 고민할 때마다 에너지가 소진됩니다. 결국은 결정을 못 하거나 다른 누군가에게 미룹니다.

"당신 생각은 어때?"

"어머님 생각대로 할게요."

어차피 완벽한 결정은 없습니다. 중요한 건 어떤 결정을 했느냐가 아닙니다. 결정 후의 행동 방식입니다. 결정에 대해 어떻게 실행에 옮기고, 결정 후에 다가오는 것들에 어떻게 책임지고 의연하게 대처하는지에 따라 그 성패가 달라집니다. 많은 경우 결정하느라 에너지가 소진되고, 그 후에 일어나는 일들에 실질적인 대처를 할 여력이 없습니다. 그러한 여력을 조금이라도 더 남기려 노력한 사람이 있습니다.

미국의 대통령이었던 버락 오바마는 어느 인터뷰에서 이렇게 말했습니다.

"결정해야 할 것이 너무 많기 때문에 무엇을 입고 먹을지에 대한 결정은 하고 싶지 않습니다. 회색이나 청색 양복을 입은 것만 볼 수 있을 겁니다."

참 좋은 전략입니다. 선택해야 하는 것들이 많을 경우 빠른 선택도 좋지만, 선택해야 할 것들의 양을 줄이는 방법도 좋습니다. 예를 들어 '월요일 저녁 식사는 각자 챙겨 먹기'를 선포합니다. 일주일 중 한 번의 식사는 무얼 해주어야 하는지에 대한 고민이 없어집니다. 라면을 끓여 먹든, 달걀프라이를 해서 냉장고에 있는 김치와 먹든 각자 알아서 해결하게 합니다. 왜 그래야 하냐고 물어오는 사람이 있다면 이렇게 말해주면 됩니다.

"일주일에 한 끼 정도는 본인이 직접 챙겨 먹게 하는 것이 자기 주도적 삶에 좋은 교육이 된다고 하네요."

한 가지 방법이 더 있습니다. 무언가를 선택할 때는 멀티태스킹을 하지 않는 겁니다. 인지심리학자들이 연구한 바로는 인간의 뇌는 한 번에 하나를 할 때 가장 좋은 판단을 내리고 업무 효율이 높다고 합니다. 설거지하면서 무얼 선택할지 고민하고, 운전하면서 또 고민하고, 직장에서 보고서 작성하면서 또 어떤 선택지를 고를지 생각하고, 결국 뇌는 하루 종일 같은 사안에 대한 결정 장애를 겪습니다. 설거지할 때는 설거지만 합니다. 몸은 움직이지만 뇌는 쉬게 됩니다. 운전할 때는 운전만 합니다. 안전하게 집에 돌아갈 확률이 매우 높아집니다. 직장에서 보고서를 작성할 때는 그것에만 집중합니다. 업무 효율과 성과가 높아지고 오히려 여유가 생깁니다. 자녀와 관련해서 어떤 결정을 해야 할 때는 다른 일을 멈춥니다. 일단 특정한 장소에 앉아서 합니다. 예를 들어 집에서는 식탁에 앉습니다. 혹은 일을 마치고 돌아오는 퇴근길 버스에 앉아 결정합니다. 그리고 가급적 그 자리에서 일어나기 전에 선택을 끝냅니다. 결과가 어찌 될지는 일단 선택을 해야 나오는 겁니다. 선택을 미루는 순간 결과는 아예 없습니다.

마지막으로 꼭 하루에 10분 정도라도 적극적으로 아무것도 하지 않는 '쉼'의 시간을 가지십시오. 보통은 많은 분들이 그 시간에 스마트폰으로 뉴스 기사를 봅니다. 그건 쉬는 것이 아닙니다. 쉼은 아무것도 보지 않고, 듣지 않고, 움직이지도 않고 그냥 가만히 있는 겁니다. '멍 때리기'라고도 하고요. 좀 더 적극적으로 하면 '명상'이 됩니다. 하는 거라고는 그저 가만히 앉아서 숨만 쉬는 겁니다. 그 능동적인 쉼의 순간에 뇌에서는 '알파파'라는 것이 나온다고 합니다. 스트레스를 낮춰주면서 창의적인 생각들이 번뜩이는 통찰을 가져오는 뇌파라고 합니다. 짧은 시간이지만 뇌에는 잠을 푹 자고 일어난 것과 같은 효과가 있습니다.

학부모님들의 하루가 행복했으면 좋겠습니다. 그러자면 선택해야 하는 것들을 줄이고, 선택해야 한다면 가급적 기일보다 일찍 하는 것이 좋습니다. 선택만 잘해도 엄마의 자존감이 높아지고 행복해집니다. 행복은 성적순이 아닙니다. 선택순입니다.

4부

초등 학부모가 알아야 할 12가지 이야기

초등 시기, 아빠 역할

Q. 요즘 아빠들, 권위적이고 무서웠던 예전 아빠들과는 많이 다르더라고요. 아이들과 잘 놀아주는 아빠들이 많아요.

네. 가끔 주말에 밀린 업무를 하느라 학교에 갈 때가 있습니다. 그럴 때면 학교 운동장에서 초등 자녀와 공을 차는 아빠들을 심심치 않게 볼 수 있습니다. 주말에라도 시간을 내어 자녀와 함께 보내려는 강한 의지를 볼 수가 있죠.

Q. 잘 놀아주는 아빠, 친구 같은 아빠…, 초등학생들은 물론 이런 아빠를 좋아하겠죠?

음…. 이렇게 생각하셨으면 좋겠습니다. 친구 같은 아빠, 아니어도 됩니다. 그 친구 같은 아빠라는 이상형이 우리 아빠들을 더 힘들게 만듭니다. 자꾸 죄책감 같은 것을 심어주지요. 그냥 자주 얼굴 보는 아빠면 아이들 입장에서는 충분합니다. 얼굴을 마주할 수 있는 시간이 부족하다면 휴대전화로 한마디만 하시면 됩니다. "우리 태리! 아빠가 많이 보고 싶다"라고 말이죠. 그 말 속에 진심만 담겨 있으면 됩니다.

Q. 그럼 단도직입적으로 여쭤보겠습니다. 가정에서, 특히 초등 시기에 가장 중요한 아빠의 역할은 뭔가요?
'엄마는 아빠의 사람'이라는 사실을 깨닫게 해주는 것입니다.

Q. 엄마를 놓고 쟁탈전을 벌이는 것도 아니고… 왜 그게 가장 중요한 역할이죠?
이렇게 표현하면 이해하시기 쉬울 겁니다. 아이와 엄마와의 밀착 관계를 끊어주기 위한 방안입니다.

Q. 엄마와의 밀착 관계를 끊어주라니… 더 이해가 안 되네요. 초등 자녀와 엄마가 좋은 관계로 잘 지내면 좋은 거 아닌가요?
초등 자녀와 엄마의 좋은 관계란 서로 건강하게 떨어져 있을 수 있을 때 가능합니다. 부모가 자녀를 키우고 교육하는 긴 여정의 종점은 부모와 자녀가 분리되는 겁니다. 그러한 분리의 가장 좋은 출발점은 아빠가 엄마 옆에 있다는 사실을 아이들이 인지하는 것이죠.

Q. 저는 '아빠의 역할'이라고 해서 자녀와 아빠와의 관계에 대해 이 야기할 줄 알았는데, 그 역할의 대상에 엄마가 등장하네요.

학교 선생님들과 '정말 걱정되는 아이는 누구인가?'에 대해 이 야기를 나눌 때였습니다. 왕따를 당하는 아이, 아픈 아이, 우울한 아 이, 자존감이 낮은 아이 등등 많은 이야기가 나왔죠. 그때 한 선생님 이 이런 이야기를 꺼냈습니다. 자기는 정말 걱정되는 아이가 누구냐 면 '엄마가 모든 걸 아이에게 올인한 채 키우고 있는 아이'라고 했습 니다. 저도 그 말에 전적으로 동의합니다.

Q. 엄마가 아이에게 올인하는 모습이 좀 지나쳐 보일 수는 있지만, 그렇다고 그런 아이가 가장 걱정된다고까지 말할 이유가 있나요?

라캉이 이런 말을 했다고 합니다. "엄마는 '악어의 입'이다"라고 말이죠. 이 말은 자식을 입에 가두고 내보내려 하지 않는다는 뜻입니 다. 지나친 밀착 관계는 자아를 잃어버리게 합니다. 초등 시기 6년은 자아상 정립에 아주 중요한 시기입니다. 이때 악어의 입에서 아이를 꺼내주어야 할 사람이 바로 아빠입니다. 정말 중요한 역할이죠.

Q. 아… 초등 어머님들의 항의가 많을 것 같은데요. '악어의 입'이 라… 좀 심한 거 아닌가요?

제 방어를 하자면… 다시 말씀드립니다. 제가 한 말이 아니고요. 라캉이 한 말입니다.

Q. 좋습니다. 그럼 어떻게 아빠들이 초등 자녀들을 엄마와의 지나친 밀착 속에서 구출할 수 있나요?

초등 자녀들이 보는 앞에서 아내에게 "사랑한다"고 말해주시고요. 가족이 함께 산책하면서 아내 손을 가장 먼저 잡아주세요. 아내의 시선이 자녀에게만 머물지 않도록 남편으로서 서 있는 아빠의 모습을 보여주시는 겁니다. 그 모습이요, 의외로 아이들에게 깊은 안전감을 줍니다. 그러한 안전감이 없을 때 자녀는 엄마에게 가서 아빠의 역할을 대신 해줘야 할 것 같은 불안감을 느끼죠.

Q. 초등 자녀가 엄마와 분리될 수 있도록 하는 아빠의 역할에 대해 말씀해주셨는데요. 그것 말고 또 다른 아빠의 역할은 뭐가 있을까요?

인간으로서의 아빠를 보여주는 겁니다.

Q. 인간으로서의 아빠라… 그건 뭔가요?

아빠가 못하는 것도 있다는 걸 보여주는 겁니다. 초등 입학 전 아이들은 아빠를 보고 놀라죠. 힘도 세고요. 못 만드는 것도 없고요. 공을 뻥 차면 운동장 끝까지 날아가고요. 정말 대단한 슈퍼맨 같은 존재죠. 그런데 점점 학년이 올라가면서 알게 됩니다. 배 뽈록 나온 우리 아빠보다 더 멋진 아저씨가 있고, 더 큰 차를 타고 다니는 사람이 있고, 아빠도 무서워하는 직장 상사라는 사람이 있고… 등등 아빠에 대한 환상에서 벗어나 현실을 조금씩 알게 됩니다. 그런데 이때 아빠가 이러한 사실을 거부하는 모습을 보면 아이들은 정말 아빠에 대해 실망하게 됩니다.

Q. 아빠가 현실을 직시하지 않는다는 말인 것 같은데, 예를 좀 들어주세요.

술 마시고 들어와서 큰소리를 치거나 화를 내는 거지요. '원래 아빠는 이런 사람인데… 지금 이건 진짜가 아닌데… 예전에는 이랬는데… 예전에 정말 잘나갔는데….' 초등학생들이 무척 싫어하는 레퍼토리입니다. 그런 말을 들으면 우리 아빠가 정말 실패한 사람이라고 느낍니다. 그리고 생각하죠. 아빠 같은 사람이 되면 안 되겠다고 말입니다. 또 아이는 더더욱 엄마의 입장이 되어버립니다. '안 되겠구나. 엄마 옆에는 내가 있어줘야겠구나. 아빠가 술 취해서 하는 말을 들어보니 내가 엄마 옆을 지켜야겠구나.' 결국 아이와 엄마의 애착만 더 굳어지지요.

Q. 아빠 편을 애써 들어보자면… 술 한잔 하고 아이들 앞에서 이런저런 이야기도 할 수 있는 거 아닌가요?

무슨 의미로 말씀하시는 건지는 저도 충분히 공감합니다. 그렇지만 아이들의 눈은 생각보다 냉정합니다. 왜 냉정하냐면, 아직 단순하고 이분법적인 사고의 틀을 가지고 있기 때문입니다. 아빠 입장에서는 왕년에 아무리 잘나갔어도 지금 현실은 정말 아이들 눈에 다 보이거든요. 아이들 보기에는 10원 차이밖에 안 나는데 아빠가 먼 거리에 있는 주유소의 단골이라는 사실이 말이죠. 그런 상황 속에서 아빠가 예전에 어땠다는 이야기는 말 그대로 정말 우스운 이야기가 되어버립니다.

Q. 그럼 어떻게 해야 하나요?

술 취하지 않았을 때 아빠의 어린 시절 또는 젊은 시절 이야기를 해주시면 됩니다. 술 취해서 하지 말고요. 그러면 그건 스토리가 됩니다. 아빠의 역사가 되지요. 아빠의 경험상 무엇을 후회하고, 어떤 때 정말 기쁘고 뿌듯했으며, 비록 이런 실패의 경험이 있지만 그래도 지금 이렇게 가정을 꾸려나가고… 아빠 나름대로 부족하지만 진실함이 살아 있는 이야기를 맨정신으로 할 때 아이의 눈에 믿음이 가는 아빠가 되는 겁니다. 그리고 아이들은 아빠에게 공감하게 되지요.

Q. 그저 시간 내서 아이랑 조금이나마 더 함께 보내고, 같이 놀아주면 좋은 아빠가 될 거라 생각했는데… 쉽지 않네요.

시간으로 생각하면 안 됩니다. 시간만으로 따졌을 때 아이와 함께 있는 엄마의 시간을 이길 수 있는 아빠는 대한민국에 몇 안 됩니다. 진정성으로 승부를 보셔야 합니다. 진정성은 맨정신으로 다가갈 때 드러납니다. 허세 없이 말이지요.

Q. 한 가지 더 질문하겠습니다. 대한민국의 초등 자녀를 둔 아빠로서 절대로 하지 말아야 하는 것이 있다면 무엇인가요?

지킬 수 없는 약속을 하시면 안 됩니다.

Q. 지킬 수 없는 약속이라면 어떤 것들인가요?

아이에게 아빠가 내일 퇴근길에 치킨을 사 오겠다고 말했으면 무조건 치킨을 사 와야 합니다. 자녀의 생일날 함께 저녁 식사를 하겠다고 했으면 무조건 지켜야 합니다. 못 할 것 같으면 상황을 설명하고 약속을 하지 말아야 합니다. 초등 시기는요, 약속을 지키지 못하면 아이에게 거짓말쟁이가 됩니다. 약속을 안 하느니만 못합니다. 아이도 은연중에 지키지 못할 약속들을 친구들에게 합니다. 그리고 결국 친구들 사이에서 믿지 못하는 대상이 되지요. 약속을 했으면 꼭 지키시기 바랍니다. 아이들이 바라보는 아빠의 약속은 어른들이 생각하는 것 이상의 보증입니다. 그것이 자주 깨어지는 순간 이 세상은 믿을 수 없는 것들로 가득하게 되지요.

Q. 마지막으로 초등 자녀를 둔 아빠들에게 한 말씀 해주신다면요?

가정에서 아빠의 역할은 가부장적인 위치가 아닙니다. 하나의

'메시지'입니다. 아빠라는 이름을 듣는 순간 자녀에게 떠오르는 상징
적 메시지가 있어야 합니다. 예전에는 가훈이라는 것을 아빠가 알려
주었지요. 멋진 가훈을 하나 만들어서 자녀에게 말해주시기 바랍니
다. 그리고 가훈이 아빠의 인생 모토라는 것을 경험을 예로 들어 이
야기해주시기 바랍니다. 그럼 초등 자녀들은 '아빠' 하면 가훈이 떠
오를 겁니다. 아빠는 자녀의 삶에 지속적인 메시지 역할을 하게 됩니
다. 그거면 충분합니다. 자녀는 이를 기준으로 삼아 홀로서기를 하게
될 겁니다.

초등학생 스마트폰

Q. 초등 자녀를 둔 많은 부모님의 고민일 거예요. 아이에게 스마트폰을 사 줘야 하는지 말아야 하는지… 사 줘도 되나요?

지역 도서관이나 교육기관에 초등 교육 관련 강연을 가끔 나갑니다. 강연 후 질의응답 시간에 거의 매번 단골손님처럼 등장하는 질문이 바로 그겁니다. 자녀에게 스마트폰을 사 줘도 될지, 사 준다면 몇 학년쯤 사 주는 것이 좋을지…. 저는 개인적으로 웬만하면 어떤 일이든 초등학생에게 허용하는 교육을 주장하는데요. 스마트폰에 대해서는 단호합니다. 학부모님들이 고민하실 필요조차 없습니다. 스마트폰, 사 주면 안 됩니다. 스마트폰을 쥐여주는 순간 게임 오버입니다.

Q. '스마트폰을 사 주지 않는 게 좋겠다' 정도가 아니라 '안 된다'고 아주 단호하신데, 규칙을 잘 정해서 관리하면 되지 않을까요?

부모들도 스마트폰 사용 규칙을 잘 지키지 못합니다. 또한 대부분 어른들은 아예 스마트폰 사용 규칙도 없어요. 초등학생들이 잘 지키기를 바라는 것 자체가 모순입니다. 불가능합니다. 왜냐하면 중독성이 매우 강하기 때문이죠. 세계보건기구에서는 최근 스마트폰이나 인터넷을 통한 게임중독을 공식적으로 질병으로 규정했습니다. 그 심각성을 대변한다고 볼 수 있죠.

부모 입장에서는 규칙이겠지만요, 자녀가 스마트폰에 빠져드는 순간 그건 규칙이 아니라 부모의 압박 수단이라고 여깁니다. 스마트폰에 대해서는 규칙이 적용되지 않습니다.

Q. 물론 스마트폰 중독이 염려되긴 하지만, 다른 아이들은 갖고 있는데 우리 아이만 없으면 따돌림을 받지 않을까 하는 걱정도 있거든요.

대부분 초등 아이들이 바로 그 점을 공략합니다. "엄마~ 친구들은 스마트폰을 갖고 있어서 게임도 하고 카톡도 하고, 나는 아무것도 몰라서 왕따야"라고 말이죠. 이런 말을 들으면 부모로서 마음이 약해지지요. 절대 넘어가시면 안 됩니다. 학교 현장에서 보면 스마트폰이 없어서 소외감을 느끼기보다 오히려 스마트폰을 가지고 있어서 폭력, 왕따, 은따가 벌어집니다. 초등학생들이 스마트폰을 이용해 메신저 대화방에서 벌이는 일들은 어른들이 상상할 수 없는 수준입니다.

자녀가 스마트폰 사달라고 조르는 것에 지쳐 사 주시는 분들도 있는데요. 이렇게 말씀드리고 싶습니다. 차라리 사달라고 조르고 안 된다고 싸울 때가 행복했음을 알게 되실 겁니다.

Q. 또 하나 걱정인 게 '우리 아이만 스마트폰이 없으면 스마트 시대, 다가오는 인공지능 시대에 뒤처지지 않을까?' 하는 거예요.

저를 비롯한 40대 기성세대들은 어린 시절 스마트폰 없이 살았습니다. 공중전화에 동전 넣고 전화하던 시절이었지요. 하지만 지금 스마트폰 사용하는 데 아무 문제도 없습니다. 인터넷을 통해 각종 정보를 검색하고 활용하는 데 문제가 없습니다. 그만큼 쉽게 빠져들고 직관적으로 사용할 수 있습니다. 미리 배워야 한다는 걱정은 내려놓아도 됩니다. 정말 인공지능 시대에 필요한 능력을 걱정하신다면 스마트폰을 사 주시면 안 됩니다. 창의력과 변화에 대응하는 유연성을 키워야 하는데요. 그러려면 스마트폰을 내려놓고 대화하고, 만들고, 함께 협업하는 놀이를 해야 합니다. 초등 시기 스마트폰은 그 모든 것을 단절시킵니다. 그리고 잠재적 게임중독자를 만들죠.

Q. 잠재적 게임중독자라… 좀 무섭게 들리는데요. 실제로 스마트폰 중독이나 게임중독 사례가 얼마나 되나요?

통계를 말씀드리죠. 통계청이 발표한 '한국의 사회 동향 2017' 자료에 따르면 초등학생 고학년(4~6학년)의 91.1퍼센트, 중학생의

82.5퍼센트, 고등학생의 64.2퍼센트가 게임을 하고 전체의 2.5퍼센트가 게임중독 상태라고 합니다. 2.5퍼센트라면 오히려 얼마 안 된다고 생각하실 수도 있는데요. 여기서 말하는 2.5퍼센트는 아주 심각한 상태를 말하는 겁니다. 여성가족부의 2016년 조사에서도 중독 전前 단계인 중독 위험군이 꾸준히 늘고 있고요. 그중 초등학생 수가 가장 빨리 늘고 있습니다.

Q. 통계상으로 초등 고학년이 게임을 하는 비율이 가장 높네요. 중고등학교로 올라가면서 점점 게임을 안 하게 된다는 얘기인가요?

통계상 수치로만 보면 그런데요. 숨은 이면이 있습니다. 게임을 하는 아이들의 비율은 초등학생이 월등히 높은데요. 온라인 게임 비율로 보면 고등학생이 가장 높습니다. 이것은 무슨 뜻이냐면 중학교, 고등학교로 가면서 스마트폰 게임에서 온라인 게임으로 갈아탄다는 것이죠. 즉, 이제 스마트폰이 아닌 PC방에서 돈을 내고 본격적인 게임 속으로 들어가는 것이죠. 결국 스마트폰은 내 자녀가 온라인 게임 세상으로 진입하는 다리 역할을 해주는 겁니다.

Q. 그럼 통계 수치 말고, 학교에서 체감하시는 스마트폰 중독은 어느 정도인가요?

요즘은 소풍이라 하지 않고 현장체험학습이라 하지요. 그리 멀지 않은 곳을 가기도 하고, 간혹 수학여행처럼 먼 곳으로 가기도 합니다. 10여 년 전만 해도 그런 날이면 이동하는 버스 안이 시끌벅적했습니다. 서로 과자도 나눠 먹고, 학교에서 못 한 이야기도 하고, 노래도 부르고 정신이 없었지요. 지금은 스마트폰을 못 하게 막지 않으면 오고 가는 내내, 현장학습 내내 버스가 조용합니다. 현장체험학습이 아니라 현장게임학습이 되어버리는 것이죠.

Q. 유해 사이트나 게임 사이트에 접속하지 못하게 하는 프로그램도 있잖아요. 그런 걸 깔면 되지 않을까요?

네. 어느 정도 막는 효과는 있습니다. 그런데요. 그것은 인간의 심리를 감안하지 않은 조치입니다. 학생이 호기심으로 유해 사이트 접속을 시도해요. 동시에 열쇠 모양의 잠금장치 화면이 뜨면서 접속이 안 돼요. 그럼 그 아이의 마음엔 뭐가 자리 잡을까요? 그 사이트에 접속하고 싶다는 강한 욕망이 자리 잡게 됩니다. 그런 채워지지 못한 욕망들이 계속 강해지고, 언젠가는 잠금장치가 안 되어 있는 친구 휴대폰을 통해서, 혹은 부모 몰래 엄마 아빠 휴대폰을 가지고 접속해 들어가지요. 그냥 스마트폰 기능이 없는 폴더폰이나 키즈폰을 사 주십시오. 어딘가에 접속해보고 싶다는 생각을 처음부터 하지 않도록 해줍니다. 애매한 경계로 욕망의 여지를 남기는 것은 강한 불씨를 계속 살려놓는 것밖에 되지 않습니다.

Q. 그럼, 이미 스마트폰을 사 준 경우는 어떻게 하죠?

말도 안 되는 이야기라고 하실 수 있는데요. 소파에 놓고 실수인 척 엉덩이로 깔고 앉아서 망가뜨리라고 권해드립니다. 그리고 "미안하다 실수였다" 말하고 폴더폰으로 바꿔주시라고 말이죠. 어떻게든 기회를 봐서 이미 사 준 스마트폰을 없애는 것을 목표로 하셔야 합니다. 그게 최선입니다. 규칙을 정하고 약속을 통해 제어하고 오히려 절제하는 교육을 할 수 있을 거라는 생각, 죄송합니다만 버리시기 바랍니다. 24시간 자녀와 붙어 있지 않는 이상 불가능합니다. 자녀는 틈만 나면 스마트폰을 보고 있을 겁니다. 스마트폰 중독 잠재적 위험군으로 계속 남겨놓지 마시고요. 이미 사 준 스마트폰 아깝다 생각 마시고 어떤 핑계를 만들어서라도 폴더폰이나 키즈폰으로 바꿔주십시오.

Q. 내 자녀가 이미 스마트폰 중독이라고 느끼시는 분들도 계실 텐데요, 어떻게 해야 하나요?

정말 안타까운 일입니다. 처음에 말씀드렸지요. 이제 게임중독을 세계보건기구에서 질병으로 등록했습니다. 스마트폰 중독도 질병이란 관점으로 진지하게 받아들이셔야 합니다. 알코올중독을 치료하는 유일한 방법은 알코올을 한 방울도 마시지 않는 겁니다. 담배중독을 치료하는 방법은 담배를 피우지 않는 것 말고 없습니다. 스마트폰 중독도 마찬가지입니다. 스마트폰을 손에 쥐고 있지 못하게 하는 것 말고 다른 방법이 없습니다. 스마트폰 중독으로 고민을 호소하는 학부모님께 교육 전문가들이 대안을 제시하기도 합니다. 이런 저런 규칙을 정하고 대화하고 시간을 정해서 하게 하면 된다고요. 제발 부탁드립니다. 그런 어설픈 희망 안겨주지 마십시오. 그건 무책임한 겁니다. 정말 교육 현장에서 그 심각성을 바라보는 전문가라면 그렇게 말하면 안 됩니다. 자녀가 아무리 화를 내고 떼를 써도 스마트폰을 쓰레기통에 버리라고 말해주는 것이 더 현실적인 대안입니다.

Q. 그렇다고 이미 스마트폰이 없으면 살 수 없을 것 같은 아이들에게서 무조건 스마트폰을 뺏으면 견뎌낼 수 있을까요?

그래서 중독인 겁니다. 금단현상이 일어나지요. 이미 중독인 아이들의 스마트폰을 갑자기 없애버리면 화를 내고 짜증 내고 답답해하고 불안해합니다. 그나마 초등 시기 품 안에 있을 때, 아직 부모로서 권위가 있을 때, 그리고 그 권위로 어느 정도 통제가 될 때, 머뭇거리지 말고 그렇게 하십시오. 그리고 그 불안해하고 답답해하는 시기를 견뎌낼 수 있도록 같이 놀아주시기를 권합니다. 축구도 하고, 수영장도 가고, 며칠 밤낮 장난감 조립을 하고, 보드게임을 하면서 말이죠. 스마트폰이 없어도 놀 거리가 많고 할 거리가 많다는 것을 땀을 흘리면서 느끼도록 해주어야 아이가 그 기간을 버틸 수 있습니다.

Q. 초등학생 스마트폰에 대해 마무리 말씀 해주시죠.

'규칙을 정해서 스마트폰을 사용하게 해주면 괜찮을 거야'라는 생각, 저는 이렇게 말씀드리고 싶습니다. 그것은 '규칙을 정해서 아침, 점심, 저녁 담배 한 개비씩만 피우게 하면 괜찮을 거야'라는 것과 똑같습니다. 어느 순간 세 시간, 네 시간 방에 들어앉아 쉬지도 않고 스마트폰을 바라보는 자녀를 마주하게 될 겁니다. 대한민국의 초등학부모님들이 뒤늦은 후회를 하시지 않길 바랍니다.

초등 공부력

Q. '초등 공부력'이라… 공부하는 힘, 능력을 갖춰야 한다는 이야기 같은데요. 아마 많은 학부모님의 주요 관심사일 겁니다. 초등 시기 공부력, 왜 중요한가요?

대한민국의 공부는 상당 부분 대학 입시에 맞춰져 있지요. 그것이 꼭 바람직하다고 말할 수는 없지만, 일단 공부력을 갖춘 학생이 상위권 대학에 간다는 가정하에 말씀드리겠습니다. 교육자로 한 10년쯤 지내다 보면 대학생이 된 제자들이 생깁니다. 그런데 대부분 이미 초등 5, 6학년 때 그들이 공부하는 모습을 보고 알아차립니다. '얘는 나중에 상위권 대학에 가겠구나' 하고 말이죠. 거의 예언처럼 그대로 이루어집니다. 오랜 경력을 지닌 초등 교사들이 공통적으로 하는 말입니다. 초등 시기 공부력, 평생 갑니다. 초등 공부력에서 놓쳐서는 안 되는 것들을 말씀드리겠습니다.

Q. 그럼 초등 시기의 공부력에서 가장 먼저 신경 써야 할 건 뭔가요?

많은 학부모님이 착각하시는 것이 있습니다. 어떻게 하면 재미있게, 흥미를 갖고 공부하게 할 수 있을까 고민합니다. 즉, 공부를 즐기는 아이로 키우고 싶다는 생각이지요. 그래서 흥미 위주, 체험 위주, 활동 위주 학습 방법에 관심을 갖고 다가갑니다. 하지만 초등 시기 공부력은 흥미에서 시작되지 않습니다. 그런 경우는 정말 특별한 영재성을 지닌 아이들의 경우입니다. 그런 경우를 대중화해서 접목하려는 시도는 많은 아이들이 공부력을 갖추는 시기를 늦춥니다. 초등 시기 공부력은 흥미가 아니라 '하기 싫어도 하는 습관'에서 시작합니다.

Q. '하기 싫어도 하는 습관'이라니, 초등학생은 물론 어른들도 갖기 힘든 습관인데, 어떻게 시작하나요?

일정한 시간, 일정한 장소에서 일정한 학습을 매일 해야 합니다. 간혹 시간이나 장소를 놓치는 경우가 있는데, 그러면 정확하게 언제 보충할 것인지 정하고 지나가야 합니다. 이렇게 반복할 때 뇌는 저항하기를 포기합니다. 그리고 익숙해집니다. 신나게 뛰어놀다가도 그 시간, 그 장소에서 책을 펼치게 됩니다.

Q. 뇌가 저항하기를 포기하게 만든다는 게 좀 인위적이라는 생각이
드는데요.

뇌는 상당히 게으릅니다. 우리가 섭취하는 상당량의 에너지를
다 먹어치우면서도 웬만하면 편한 것만 찾습니다. 사람들이 텔레비
전을 오랜 시간 바라보고 있는 이유 중 하나는 뇌가 수동적으로 있
어도 되기 때문인데요. 뇌는 에너지를 적게 쓰는 수동 상태를 좋아
합니다. 지속적으로 무언가를 반복하지 않는 이상 그 불편한 상황을
마주하지 않으려고 온갖 것들을 떠올립니다. 갑자기 책상 정리를 하
거나 스마트폰을 들여다보고, 서랍에서 무언가를 뒤적이면서 뇌를
쓰지 않는 상황을 만들려고 하지요. 그러한 회피를 포기하게 만들어
야 공부하는 습관이 시작됩니다. 일정 시간에 일정 장소에서 일정한
무언가를 매일 하는 것, 이 세 가지가 뇌를 학습하는 모드로 전환시
킵니다.

Q. 왜, 공부를 엉덩이로 한다고 하잖아요. 얼마나 오래 앉아 있을 수
있느냐가 중요하다는 건데… 그렇다고 앉아만 있고 집중을 못 하면
소용없잖아요. 얼마나 집중하느냐도 공부력에 중요할 것 같은데요.

네. 아주 중요한 말씀을 해주셨습니다. 일정 시간, 일정 장소에
서, 정해진 책을 펼쳐놓고 읽어도 집중하지 않으면 내면화되지 않겠
죠. 집중력을 높이려면 인풋과 아웃풋을 자주 하게 해야 합니다. 보
통 문제집을 보면 우선 개념을 설명하고 다음 페이지에서 확인 문제

를 풀도록 구성되어 있습니다. 개념 이해는 인풋이고, 확인 문제를 푸는 동안 아웃풋을 하는 거죠. 초등 저학년 시기에는 아직 문제집의 문제를 풀면서 아웃풋하는 과정이 어렵습니다. 그땐 방금 공부한 내용을 말로 먼저 대답하게 하는 것이 좋습니다. 그렇게 대답하고 나서 그것을 써보게 하면 됩니다. 그러면 뇌는 어떤 내용을 집어넣는 데 집중하지 않고 꺼내 쓰는 데 더 집중해야 함을 인지합니다. 집중력은 가만히 앉아서 암기하는 시간에 생기는 것이 아니고요, 되새김질하 듯 말로 꺼낼 때 생기는 겁니다.

Q. 초등 공부력은 일단 '습관'이다. 그리고 집중력은 되새김질 과정을 통해 생긴다. 이렇게 정리가 되네요. 그런데 결국 학부모님들이 원하는 것은 아이가 스스로 공부할 수 있는 자기 주도적 학습 능력일 텐데요. 초등 시기에 자기 주도적으로 학습하는 능력을 어느 정도 갖출 수 있나요?

초등 공부력을 갖춘 아이들의 최종 단계라고 할 수 있겠죠. 6학년 담임일 때 보면 자기 주도적 학습 능력을 갖춘 아이들이 눈에 띄기 시작합니다. 대견하면서도 사실 안쓰럽기까지 합니다. '아직 초등학생인데 저렇게까지 주도적으로 공부하는구나' 하는 생각이 들어서 짠합니다. 그런 아이들은 수험생 수준으로 공부합니다. 그것도 타인에 의해서가 아니라 스스로 필요하다고 생각하고 계획해서 말이죠. 아마 웬만한 중·고등학생보다 더 주도적으로 치밀하게 공부할 겁니다.

Q. 설마요. 초등 6학년에 수험생처럼 공부하는 아이들이 있다고요? 그것도 자기 주도적으로요?

그럼요. 안쓰러울 정도죠. 학교 현장에서 선행학습은 분명 금지되어 있습니다. 해당 학기를 넘어선 교육을 하는 것은 선행학습에 해당되어 절대 안 됩니다. 교육청에서 아주 강하게 제동을 걸지요. 하지만 가정에서 몇 년 치 선행을 시키는 것까지 막을 방법은 없습니다. 놀라운 사실은 억지로 끌려가듯 학원을 돌며 선행학습을 하는 학생이 있는가 하면, 스스로 앞질러 나가며 공부하는 학생이 있다는 겁니다. 주도적으로 학습하는 거죠. 그런 아이들의 공통점이 있습니다.

Q. 그런 아이들의 공통점이 뭐죠?

성취감입니다. 자기 주도 학습이 자리 잡은 아이들은 공통적으로 성취감이 각인된 아이들인데요. 이런 겁니다. 낚싯대를 드리웠습니다. 가만히 앉아 기다리는 것이 지겹죠. 힘들고요. 그런데 갑자기 물고기 한 마리를 낚지요. 팔딱거리는 손맛에 매료됩니다. 그 뒤부터는 새벽까지 기다려가면서 낚시를 하죠. 자기 주도 학습이 되려면 이런 성취감이라는 강한 동기를 맛보게 해주셔야 합니다. 처음 말씀드렸듯이 초등 시기에 즐겁게 학습하게 하려고 흥미 위주 콘텐츠로 학습을 시작하면 공부력이 생기기 어렵습니다. 재미없어지는 순간 멈추지요. 자기 주도적 학습 능력은 언제 낚일지 모르는 큰 물고기를 기다리는 심정이 있어야 생깁니다. 그러기 위해서는 우선 물고기를 낚은 경험이 절대적으로 필요합니다. 물고기를 낚으려면 일단 지루하더라도 낚싯대를 드리우고 꾸준히 앉아 있어야 하죠.

Q. 그렇다면 초등학생들의 공부력 형성에 방해되는 것은 뭐가 있을까요?

공부력은 습관입니다. 결국 공부력에 방해되는 것들 역시 공부에 방해되는 습관들이 되겠죠. 그중 가장 방해되는 습관은 주변에 민감하게 반응하는 겁니다.

Q. 주변에 민감하게 반응한다…. 그게 뭐죠?

공부하려고 자리 잡은 순간부터 주변에서 일어나는 일들에 둔감해져야 합니다. 그런데 주변에 민감하게 반응하는 아이들은 작은 소리에도 바로 그쪽으로 시선을 돌리죠. 그리고 간섭하기 시작합니다. 의자가 불편하다 하고, 창문에서 소리 난다고 가보기도 하고, 계속 반응하죠.

Q. 그렇게 반응하는 습관이 있는 아이들은 어떻게 하면 되나요?

일정 시간, 일정 장소에서 공부하려고 책을 펴는 순간 주변에서 일어나는 일들에 대해 부모가 대수롭지 않다는 표정과 행동을 보이셔야 합니다. 엄마의 휴대전화가 울려도 "나중에 받아도 돼" 하면서 신경 쓰지 않고 자녀의 공부를 도와주셔야 합니다. 공부해야 하는데 자녀의 책상이 어질러져 있으면, 한쪽으로 대충 밀어놓고 정해진 문제집을 펴는 거죠. 책상이 이렇게 지저분해서 집중이 되겠느냐 어쩌느냐 잔소리부터 하고, 책상 치우고… 그러지 마시고 그저 책 펼쳐놓을 공간만 있어도 집중할 수 있다는 듯 그냥 자연스럽게 시작합니다. 중요한 건 주변 상황이 어떻든지 간에 시작하는 겁니다.

Q. 지금 학부모님들 중에 마음이 급한 분들이 계실 겁니다. 내 아이가 정말 공부 능력이 너무 없다, 심각하게 걱정된다, 하시는 분들께 긴급 처방을 내린다면 뭐에 초점을 맞추는 게 좋을까요?

보통 그런 학생들을 기초학습 부진이라고 표현합니다. 시험을 보면 30, 40점대에 머무는 아이들이죠. 대개 그 정도 성적이면 공부에서 초탈한 수준이죠. 아이는 별로 개의치 않는 경우가 많습니다. 부모만 더 속상하죠. 아이가 심각하게라도 생각하면 좋을 텐데, 오히려 아주 마음 편하게 있거든요. 일단 조급해하시지 말고 대기만성이려니 생각하시는 것이 부모의 불안을 낮춥니다. 그러고 나서 한 가지에 집중하시는 겁니다. 바로 '어휘력'입니다.

공부력의 90퍼센트 이상은 문해력입니다. 문장을 읽고 이해하는 능력이죠. 이러한 문해력을 좌우하는 기본은 바로 어휘고요. 아이가 단어의 뜻을 물어보면 바로바로 성심껏 알려주시고, 다양한 어휘가 있는 동화책을 자주 읽어주시라고 말씀드립니다.

Q. 초등 자녀의 공부력에 대해 학부모님들께 마지막으로 조언해주시죠.

수능 만점자들이 인터뷰하면서 이런 말들을 하죠.

"전 교과서 위주로 공부했어요."

"전 공부가 가장 쉬웠어요."

그런데요, 이걸 아셔야 합니다. 똑같은 교과서를 수십 번 되씹는 반복, 그들은 정말 무료한 일을 해낸 겁니다. 공부가 가장 쉬웠다고 말하는 그들도 정작 "공부가 가장 즐거웠어요"라고 말하지는 않습니다. 공부가 가장 쉬웠다는 말은 그나마 내 인내심으로 견디면서 할 만했다는 표현일 뿐입니다.

일본에서 35년 동안 110만 부가 판매된 밀리언셀러 《초등 공부력의 비밀》의 저자 기시모토 히로시는 이렇게 말합니다.

"학력은 영감이나 예감으로 키워지는 게 아니다. 성실하게 쌓아가는 꾸준한 노력이 있어야 갖출 수 있다. 단조로운 리듬을 견뎌내는 극기심이 필요하고 방종은 허락되지 않는다."

초등 공부력은 '단조로운 리듬을 견뎌내는 힘'입니다. 그 이상도 그 이하도 아닙니다.

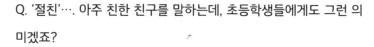

절친

Q. '절친'…. 아주 친한 친구를 말하는데, 초등학생들에게도 그런 의미겠죠?

보통 기성세대들은 그렇게 생각하지요. 하지만 초등학생들이 생각하는 절친은 아주 친한 친구 정도가 아닙니다. '절대적 친구'이지요. 단짝 친구 이상입니다. 나는 너에게, 너는 나에게 절대적으로 필요한 친구라고 생각하는 겁니다.

Q. 절대적인 친구라… 생각만으로도 든든하고 믿을 만한 누군가가 생긴다는 말인데, 어떻게 하면 좋은 절친을 만들 수 있나요?

음…. 교실 현장에서는요. 좋은 절친은 사실 없습니다. 저는 학생에게서 "선생님, 저랑 태리랑 절친 하기로 했어요"라는 말을 듣는 순간이 가장 긴장됩니다. 그리고 생각하지요. '아… 또 학생 두 명이 배신의 바다에 빠지는구나' 하고 말이죠.

Q. '배신의 바다'요? 초등학생들에게 배신이라니, 무슨 말인가요?

대부분, 특히 4학년 이상의 여학생들은 '절친'을 간절히 원합니다. 다른 아이들이 절친이라고 하면서 서로 귓속말도 하고, 자기들끼리 손가락 사인이나 비밀 글자를 만들어서 편지도 주고받는 모습을 보면 무척 부러워하지요. 그리고 자기도 누군가 절친을 만들어야겠다고 생각합니다. 또 어느 때는 학부모님들이 일부러 바깥에서 자주 만나게 하면서 너희들은 절친이 되었다는 암묵적 합의를 이루어내기도 하지요. 그런데요. 학교 현장에서 보면 왕따로 힘들어하는 아이들보다 절친의 배신으로 알게 모르게 힘들어하는 아이들이 훨씬 더 많습니다. 그리고 많은 어른이 그것을 그저 '살다 보면 서로 다투고 싸울 수도 있는 거야. 그러면서 크는 거지'라고 생각하면서 크게 문제시하지 않지요.

Q. 그럼 교육 현장에서 보기에 절친으로 인해 생기는 문제와 왕따로 인해 고통받는 것 중에 절친 문제가 더 심각하다는 말씀인가요?

어떤 것이 더 심각한지 무게를 잴 수는 없습니다. 그러나 아이들 입장에서 절친의 배신과 왕따의 고통 모두 스스로 감당해내기 매우 어렵습니다. 단지 왕따는 심각하다고 생각하고, 절친의 배신 때문에 고민하는 것은 좀 더 가벼운 일이라고 생각하는 것에 대해 그렇지 않다고 말씀드리고 싶은 겁니다. 그리고 더욱 문제인 것은 절친의 배신이 왕따보다 학급 내 빈도수가 더 높다는 점입니다. 또 절친이든 왕따든 관계의 단절이 생깁니다.

Q. 왕따는 관계의 단절이 이해가 되는데, 절친이 왜 관계의 단절이 생기나요? 서로 친한데요.

이런 겁니다. 왕따는 누군가를 배제하는 거지요. 하지만 절친은 누군가를 구속하는 겁니다. 배제하든 구속하든 관계의 단절을 내포하지요.

Q. 절친이 누군가를 구속한다고요? 절친이 있어도 다른 친구들과 소통하지 않나요?

어른들의 생각과 아이들의 생각은 다릅니다. 일단 서로가 '절친'이라고 표면적으로든 암묵적으로든 합의를 하면 의도하지 않아도 상대방을 구속하려 합니다. 절친이라고 생각했던 친구가 자기 아닌 다른 아이와 즐겁게 웃고 떠드는 모습을 보는 것도 싫어하지요. 그래서 절친에게 말합니다. "난 네가 혜지랑 웃으며 이야기하는 게 싫어. 그러니까 걔랑 놀지 마!"라고 말이지요.

Q. 일종의 질투네요. 하지만 그 정도는 일반적인 친구들 사이에서도

느끼는 감정 아닐까요? 그걸 배신이라고 하기는 좀….

네, 맞습니다. 그 정도 수준이라면 질투라고 할 수 있겠지요. 하지만 배신의 경우는 따로 있습니다.

Q. 배신의 경우는 뭔가요?

그걸 말씀드리기 전에 일단 초등 고학년 여학생들이 누군가와 절친이냐 아니냐의 기준을 무엇으로 삼는지 아셔야 합니다.

Q. 기준요? 절친의 기준이 있나요?

네, 있지요. 초등 여학생들은요. 매사에 사소한 것들까지 아주 구체적입니다. 보통 누군가와 "절친이다"라고 말할 수 있으려면 서로 비밀을 공유하는 수준이어야 합니다. 특히 공유하는 비밀들이 많을수록 '진실한 절친'이라고 여기지요.

Q. 초등학생들이 뭐 그리 대단한 비밀이 있을까요?

어른들이 보기에 비밀이라 하기에는 별일 아닌 것들처럼 느껴지지만 아이들에게는 다릅니다. 내가 누구를 좋아한다든가, 어릴 때 어떤 창피한 일을 당했다든가, 혹은 신체의 어떤 부분에 콤플렉스가 있다든가 등…. 자신만의 비밀들을 지니고 있지요. 그리고 절친에게는 그처럼 부끄럽다고 생각하는 비밀들마저 털어놓습니다. 또 그 정도는 되어야 절친이라고 믿는 것이지요. 그리고 굳게 약속하지요. 서로의 비밀을 지켜주자고요.

Q. 부끄러운 일도 털어놓을 수 있는 누군가가 있다면, 좋은 거 아닌 가요?

예, 물론 좋지요. 마치 털어놓는 것만으로 문제가 해결된 것 같기도 하고요. 하지만 바로 그것 때문에 결국 '배신의 바다'에 빠지게 되는 겁니다. 그리고 너무 힘들어하고 심지어 분노하지요. 대부분 그 비밀을 지키지 못하니까요.

Q. 서로 절친이잖아요. 그럼 적어도 비밀은 지켜줘야죠.

조금 전에 말씀드렸지요. 절친은 서로를 구속하려 한다고요. 그런데 아이들의 감정은 자유롭습니다. 정제되지 않은 원석 같아요. 그래서 순간적으로 호기심이 생기거나 좋다고 느끼는 것에 다가갑니다. 절친이 아닌 다른 친구가 재미난 놀이를 만들면 자기도 모르게 다가가서 함께 하자고 합니다. 절친인 친구는 그것을 보고 화가 나지요. 그리고 감정적으로 다른 누군가에게 절친의 비밀을 말해버립니다.

Q. 그럼 어떻게 되나요?

자신의 비밀을 소문내고 다닌 절친의 배신에 분노하지요. 그리고 마찬가지로 폭로전을 벌입니다. 왜냐하면 본인도 알고 있는 비밀이 있으니까요. 그러는 과정에서 서로 상처를 받습니다. 반드시 비밀을 지킨다고 약속했으면서 어떻게 그렇게 소문을 내고 다니는지 믿기지 않지요. 이렇듯 대부분의 절친들은 배신의 역사와 아픔을 지닌 채 고민하다 6학년을 졸업하지요.

Q. 초등 자녀에게 절친을 만들지 말라고 할 수도 없고, 어떻게 해야 하나요?

그건 부모가 하지 말란다고 안 하는 게 아닙니다. 또 절친을 하란다고 이루어지는 것도 아니고요.

Q. 그럼 부모로서 내 자녀의 절친에 대해 어떻게 교육 또는 접근해야 할까요?

먼저 누구와 절친을 하든 하지 않든 그건 전적으로 내 아이의 선택입니다. 그 선택은 존중해주시고요. 단, 내 자녀가 누군가와 아주 긴밀한 사이로 지내고 있다는 것을 알았을 때 한 가지만은 분명하게 알려주셔야 합니다.

Q. 배신하지 말라고요?

하하, 그게 아니고요. 어떤 경우에도, 아무리 친하다고 여겨지는 절친이라도 비밀 이야기를 주고받지 말라고 하는 겁니다. 비밀 이야기는 서로의 경계를 허물어버립니다. 그 순간은 마치 서로 하나인 듯 생각하지만 착각이지요. 아무리 친해도 적당한 거리를 유지해야 하는데 그것은 비밀 이야기를 하지 않는 것으로 지켜진다는 점을 반드시 알려주셔야 합니다. 그리고 특히 메신저로 비밀 이야기를 주고받지 말라고 알려주셔야 합니다. 처음에는 자기들만의 대화방에서 이야기하지만, 배신의 순간 그 내용이 감당할 수 없을 만큼 많은 아이들에게 순식간에 전달됩니다. 그럼 당사자는 정말 죽고 싶은 심정이 되지요.

Q. 절친이 오히려 더 무섭다는 생각이 드는데요. 마지막으로 학부모님께 당부의 말씀 해주시죠.

내 자녀가 누군가와 친하게 지낸다는 것…. 좋습니다. 행복한 순간이고요. 그래도 적당한 거리를 유지할 수 있는 조건을 초등 시기에 반드시 알려주시기 바랍니다. 그 경계선을 무너뜨리지 않는 것이 어른이 돼서도 자기 자신을 허물지 않으면서 주체적으로 상대방과 마주할 수 있는 건강한 관계를 유지하는 기반이 된다는 사실, 잊지 마시기 바랍니다.

초등 자녀 이성 교제

Q. 초등학생들도 이성 교제를 하나요? 한다면 굉장히 빠른 거 아닌가요?

이성 교제라는 표현이, 어른들이 듣기에 좀 거북하게 들릴지 모르겠습니다. '쪼그만 것들이 무슨… 그냥 친구들이랑 즐겁게 놀고 열심히 공부하면 되지'라고 생각하시겠지요. 하지만 현실은 좀 다릅니다. 빠르면 4학년 정도부터 학급에서 공식적으로 인정받는 소위 '초딩 커플'이 있습니다. 어른들이 말하는 이성 교제인 셈이지요.

Q. 커플요? 뭐 그냥 서로 잠깐 좋아하는 거 아닌가요? 커플이라고까지 표현하는 건 좀 오버 아닐까요?

어른들의 바람이지요. 그냥 잠깐 좋아하는 감정 정도로 느끼다가 지나갔으면 좋겠다는…. 초딩 커플이라는 표현은요, 아이들이 직접 쓰는 말입니다. "선생님, 태리랑 승우랑 커플이에요. 오늘부터 1일이래요"라고 말하지요. 아이들도 드라마를 많이 봅니다.

Q. 초등학교에서 어떻게 공식적인 커플이 가능하죠?

저학년의 경우는 커플이 없지요. 오히려 그 반대지요. '누구랑 누구랑 사귄대요' 하면 놀리는 것이라 생각하지요. 하지만 고학년의 경우는 다릅니다. 몇몇 용감한 남학생 또는 여학생이 좋아한다고 말하면서 사귀자고 표현합니다. 그때 상대방이 고개를 끄덕이거나 동의하는 제스처를 하는 순간 공식적인 커플이 되는 겁니다. 어떤 아이들은 일부러 많은 아이들 앞에서 고백하기도 합니다. 많은 친구들 앞에서 갑작스럽게 고백하면 마치 무엇에 홀린 듯 상대방이 고개를 끄덕이게 되거든요. 그럼 주변에서 손뼉 치면서 커플이 탄생하는 겁니다.

Q. 그렇게 대담하게 고백하는 아이들이 꽤 있나요?

한 반에 30명이라고 했을 때, 두 커플 정도 됩니다. 즉, 네 명 정도지요. 한 학급에 네 명 정도라면 많지 않은 수라고 생각하실 수 있지만, 의미 있는 인원입니다. 왜냐하면 이들은 용기 있게 고백하고 받아들인 경우거든요. 그렇게 표현을 못 했을 뿐, 커플이 되고 싶어 하는 아이들은 그 이상입니다.

Q. 현실이 이렇다면 어른들은 이성 교제에 대해 뭘, 어떻게 교육해야 하나요? 일단 커플을 인정해주고 사귀는 걸 허락해야 하나요?

사실, 이성 교제는 허락의 차원이 아닙니다. 남학생에게 맘에 드는 여학생이 생기고, 여학생에게 멋있어 보이는 남학생이 생기는 것은 당연한 일이지요. 그리고 내 자녀가 또래 이성을 좋아한다고 고백하고, 주변 친구들로부터 인정받는 커플이 되는 것을 막을 방법도 없습니다. 못 하게 해도 얼마든지 부모나 교사 모르게 사귈 수 있습니다. 부모나 교사가 해주어야 할 일은 이성 친구가 생겼을 때, 혹은 생기기 전에 교육하는 것이지요. 어떤 것이 초등 시기에 적합한 이성 교제 방법인지 말이지요.

Q. 그럼 초등 시기에 적절한 이성 교제는 어떻게 교육해야 할까요?

보통 부모는 이렇게 물어보지요. "그 남자애는 착하냐?" "성격은 어떤데?" "배려는 잘하고?" "공부는 어느 정도 하니?" "친구들 사이에서 잘 지내는 아이니?" 등을 말이지요. 사실 그런 말은 의미가 없습니다. 왜냐하면 상대방에게 좋아한다는 고백을 듣는 순간 내 자녀에게는 상대 아이의 모든 것이 다 좋아 보이기 때문이지요. 심지어 욕하는 것도 멋져 보입니다. 자녀가 이성 친구와 사귄다는 것을 알았을 때 부모로서 그리고 교사로서 맨 먼저 해줄 말은 "싫어지면 언제든 헤어져도 된다"입니다.

Q. 어떻게 잘 사귀는지를 교육하는 게 아니라 헤어지는 것부터 이야기해주라고요?

맞습니다. 아이들은 모릅니다. 다 처음이에요. 맘에 드는 이성 친구가 생긴 것도 처음이고요. 그동안 부끄러워서 말도 못 했는데 용기 있게 고백하거나 그 고백을 받아들인 것도 처음입니다. 더 나아가 사귀는 것도 처음이고요. 아이들은 처음인 것에 어른들이 생각하는 것 이상으로 의미를 부여하고, 상당히 집착합니다. 마치 그게 전부인 것처럼 말이지요. 그래서 상대방에게 절대성을 부여합니다. 그런 비현실적인 자아상을 초반에 인식하게 하는 것이 중요합니다. 언제든지 헤어져도 된다는 표현은 바꾸어 말하면 너의 모든 에너지를 다 쏟아부을 만큼의 가치는 없다는 뜻입니다. 무의식적으로 적당한 경계를 하게 만들지요. 어차피 헤어져도 되는 친구니까요.

Q. 그런데요. 그래도 인정해준다면 초등학생답게 예쁘게 잘 사귀라고 말해주는 게 우선 아닐까요?

그 '예쁘게 잘 지내라'는 말은 참으로 모호한 겁니다. 그런 말을 들으면 아이들은 자기식으로 이해합니다. 그리고 드라마에서 보는 예쁘고 멋진 장면을 떠올리지요. 예전에 수업 중에 쪽지를 전달하는 남학생이 있었습니다. 중간에 제게 걸려서 여학생에게 전달되기 전에 제 손에 들어왔지요. 내용은 이렇습니다. '우리가 사귄 지 한 달쯤 지났으니 이제 손을 잡고 싶다. 그리고 두 달쯤 지나면 키스 정도는 할 수 있는 사이가 되어야 한다'는 내용이었습니다. 아이들은 구체적이며 행동적입니다. 그러니 방법도 구체적으로 말해주어야 하지요. "언제든 헤어져도 된다"라고 말해주는 것은 아주 구체적인 표현입니다. 행동적 요소도 들어 있지요.

Q. 그런 이야기를 들으니까, 결국 초등 시기에 이성 교제는 허락하면 안 될 것 같다는 생각이 들어요.

아닙니다. 제가 말씀드리고자 하는 것은 구체적인 표현으로 허락해야 한다는 겁니다. 예를 들면 "학교에서 여러 친구들과 어울려 노는 가운데 그 아이와 좀 더 친하게 이야기하고 같이 노는 것은 괜찮다. 하지만 단둘이 영화를 보거나 PC방에 가거나, 둘이서만 편의점 가서 컵라면 사 먹는 것은 안 된다"라고 말해주는 겁니다. 또한 "전화나 문자로 학교 숙제나 준비물 등을 물어보는 것 정도는 괜찮지만, 단둘이 카톡에서 비밀 이야기를 나누거나 사진이나 동영상을 SNS로 주고받는 것은 안 된다" 하고 말해주는 것이지요. 신체적 접촉도 마찬가지입니다. 학교에서 잡기 놀이를 한다거나, 친구들과 둘러앉아 게임을 하면서 벌칙으로 인디언밥, 등치기를 하는 것 정도는 괜찮지만, 커플이라는 이유만으로 손을 잡거나 포옹을 하거나 신체 일부를 보여주는 행동은 안 된다고 분명히 말해주어야 합니다. 그리고 덧붙여서 다시 말해주는 겁니다. 네가 생각한 것과는 달리 속상한 일이 생겼을 때는 언제든지 사귀는 것을 깨고 헤어져도 된다고요.

Q. 결국은 마지막에는 또 헤어져도 된다는 걸 강조하시는데, 특별한 이유가 있나요?

네, 있습니다. 초등 커플은요, 보통 6개월을 넘기지 못합니다. 주변 아이들은 알아요. 쟤네들이 헤어졌다고 수군거리지요. 그리고 이렇게 말합니다. "선생님, 재우가요 태리를 차버렸어요." 그런 수군거림에 두 아이 모두 상처를 받습니다. 버렸다고 하는 아이는 양심의 가책을 느끼고, 버림을 당했다는 아이는 상당한 수치심을 느끼지요. 왜냐하면 공식 커플이면 헤어지면 안 되고, 헤어지더라도 남들 모르게 했어야 한다고 생각하는 것이지요. 초등 시기 이성 교제는 어차피 실패의 연속입니다. 또 잘 사귀는 듯 보여도 어차피 다른 중학교로 배정받아 진학하면 헤어지게 되어 있습니다. 초등 시기는 잘 사귀는 방법을 배우는 시기가 아니라 잘 헤어지는 방법을 배워야 하는 시기입니다. 헤어지는 것이 누군가를 차버리거나 혹은 차이는 것이 아닌 자연스러운 현상이라는 점을 알게 해주어야 합니다. 그래서 그 말을 반복해서 해주는 겁니다. 헤어지는 것 또한 마치 누군가를 사귀는 것처럼 자연스러운 현상임을 알게 하는 것이 중요합니다.

Q. 그럼 어떻게 헤어지는 방법을 알려줘야 하나요?

아이에게 자꾸 이성 친구에 대해 묻지 마시고요. 본인의 감정에 솔직해질 수 있는 질문을 하셔야 합니다. 시선을 이성 친구에 집중시키는 것이 아니라 본인 내면 쪽으로 돌리는 질문을 하는 것이지요.

'정말 그 친구가 좋은지' '혹시 주변 시선을 의식한 것은 아닌지' 또는 '그 친구가 좋은 것이 아니라 그냥 한 번쯤 이성 친구를 사귀어보고 싶은 마음이 더 강한 것은 아닌지' 등을 말이지요. 그런 과정 속에서 내 진짜 감정과 다르다는 사실을 알게 되었을 때는 언제든 솔직하게 그만 사귀자고 말해주는 것이 좋다고 말이지요. 그리고 사귄다는 이유로 무언가를 자꾸 요구당하는 느낌이 들면 그때가 헤어질 때라는 것을 알아야 한다고 말이지요.

Q. 초등 시기의 이성 교제는 잘 헤어지는 것부터 교육해야 한다는 점, 어른들이 기억해야겠어요. 마지막으로 학부모님들께 당부하시고 싶은 말씀이 있으시다면?

'그냥 적당히 누군가를 좋아하다 말겠지…' 하는 생각은 금물입니다. 요즘 아이들 초등 시기는 적당히 누군가를 좋아하다 마는 시기가 아닙니다. 아주 좋아하거나 아예 관심이 없거나입니다. 동성 간에도 초등 시기 단짝이라는 이름으로 가까이 지내다 헤어짐을 반복하며 아픔을 겪고 역동적인 감정을 느낍니다. 이성 간에는 그 이상이지요. 경계선을 명확히 알려주고 헤어짐에 대비한다는 자세로 접근하셔야 합니다. 어차피 헤어지게 될 만남을 처음 경험하는 것뿐이지요. 성공적인 헤어짐이야말로 자녀가 성인이 되어 이성과 사귈 때 만남과 헤어짐이라는 사건에 집착하지 않게 합니다. 그보다 더 중요한 자기 내면의 목소리에 귀를 기울이게 하지요. 지금 이 감정이 진실한

가, 아니면 나조차도 속이는 감정에 휩싸여 있는가를 돌아보게 하지요. 초등 자녀가 이성에 대한 감정을 표현할 때, 감성적으로 대응하는 대신 부모로서 직시하시길 당부드립니다.

배움이 느린 아이

Q. 배움이 느린 아이… 부모 입장에서 참 답답하고 걱정될 것 같아요. 선생님이 보시기에 초등 시기 배움이 느린 아이들은 학급에 얼마나 있나요?

지역마다 다르겠지만, 경험상 매년 1, 2명은 유달리 배움이 느린 아이들이 있습니다. 일단 먼저 용어를 정리하고 시작하겠습니다. '배움이 느린 아이'와 '기초학습 부진아'를 구분해야 합니다.

Q. 기초학습 부진 학생이 결국 배움이 느린 아이 아닌가요?

보통 초등학교에서 기초학습은 수학 연산, 국어의 듣기·말하기·쓰기에 중점을 두는데요. 기초학습 부진 학생은 가정환경상 기초학습에 대한 안내 및 지도가 부실한 경우입니다. 그래서 그 학생들에게 학교나 가정에서 일정 분량의 적절한 지도를 하면 몇 개월 안에 기초학습 부진에서 금방 벗어납니다. 그런데 배움이 느린 아이들의 경우 단순히 기초학습에 대한 안내 및 지도를 한다고 금방 효과가 나타나지 않습니다. 정말 배움의 속도가 느려서 특별 관리가 필요합니다.

Q. 그러니까 기초학습 부진 아이들은 아직 가르치지 않아서 그렇지 일단 가르치면 잘 따라오는 반면, 배움이 느린 아이들은 그렇지 않다는 거죠?

예, 맞습니다. 영특한 아이들은 하나를 가르치면 열을 알아채지만 이 아이들은 열을 알려줘도 하나를 알까 말까입니다. 부모나 담임교사 입장에서 아주 세심한 지도가 요구됩니다.

Q. 어떤 세심한 지도가 필요할까요?

먼저 발달장애 측면에서 살펴봐야 합니다.

Q. 발달장애요? 배움이 느린 걸 발달장애로 확대한다면 학부모님들 걱정이 많으실 텐데요.

발달장애도 여러 측면이 있는데요. 일단 배움이 유달리 느린 상황은 언어 발달장애와 깊은 연관이 있습니다. 생후 25~36개월 사이에 발견하는 것이 가장 좋은데요. 안타깝지만 부모들이 잘 모릅니다.

Q. 아니, 발달장애인데 왜 잘 모르죠?

신체적으로 아무 문제가 없고요. 또 언어 발달장애라 해도 짧은 문장이나 단어로 표현하는 것에는 어려움이 없는 경우가 많습니다. 그냥 '또래에 비해 말이 좀 늦게 트이는구나' 정도로 생각하는 거죠.

Q. 그래도 대여섯 살 정도 되면 다른 아이들하고 말하는 게 차이가 날 것 같은데… 그걸 발견하기가 어려운가요?

일단 언어 표현이 서툴기 때문에 어린이집에서 또래와 문제가 발생합니다. 그런 과정을 몇 번 거치면 심각성을 느끼고 검사를 받는 분들도 계십니다. 그런데 문제는 언어 발달장애 측면은 전혀 생각지 않고, 그냥 또래 관계성에 관한 검사를 받으시는 거죠. 그러면 대부분 애착장애 정도로 진단이 나옵니다. 반응 양상이 비슷하거든요.

Q. 아, 언어 발달이 문제인데 이걸 대인관계 측면으로 분석할 수도 있군요.

네, 맞습니다. 그나마 어린이집이나 유치원에서 또래와 관계를 맺으면서 뭔가 심각성을 느끼면 검사라도 받아봅니다. 그리고 처음에는 관계성에 초점을 맞추다가 그래도 개선이 잘 안 되면 언어 발달장애 측면을 확인해보기도 합니다.

하지만 초등 전까지 가정에서만 보살피는 경우 전혀 문제를 느끼지 못하는 사례가 많습니다. 그리고 막상 초등학교에 올라오면 학습량이 많아지면서 그제야 심각성을 느끼게 되죠.

Q. 그럼 우리 아이가 언어 발달장애인지 아닌지를 어떻게 알 수 있나요?

일단 초등학교 입학 후 자녀가 급격히 말수가 줄었거나 자신의 의사 표현에 자신감이 없어 보이는지 살펴보실 필요가 있습니다. 초등 전까지는 사실 일상에서 사용하는 단어의 개수가 얼마 되지 않습니다. 그런데 초등학교 입학 후부터 과목도 많아지고 또래 아이들과 평소 사용하던 단어보다 몇 배 많은 단어가 필요합니다. 언어 발달장애의 경우 그러한 것들을 도저히 수용할 수 없습니다. 그래서 그냥 알아듣는 척 가만히 있습니다. 하루 종일 학교에 앉아 있지만 선생님이 하는 이야기를 못 알아듣는 거죠. 그냥 조용히 앉아만 있는 겁니다.

Q. 그 정도면 친구들과도 상당한 문제가 생기지 않나요?

네, 맞습니다. 친구들과의 놀이엔 규칙들이 있고, 그 규칙의 변수가 점점 더 많아집니다. 다른 아이들은 놀이 규칙을 즉시 알아듣고 규칙에 맞게 놀이를 하는데, 배움이 느린 아이들의 경우 못 알아듣거나 잘못 이해한 채로 놀이를 합니다. 그럼 결국 싸움이 나고, 반복되면 얼마 지나지 않아 놀이에서 배제되거나 스스로 놀이에 끼려 하지 않습니다. 아이가 두려움을 느끼게 되죠.

Q. 아, 이건 그냥 단순히 배움이 느리다는 걸로 한정할 수 있는 문제가 아니네요. 그럼 이런 아이들을 어떻게 관리해야 하나요?

일단 초등학생이라도 네다섯 살이라고 생각하고 대해야 합니다. 당연히 알아들었을 거라 생각하지 말고, 매번 정말 알아들었는지 되물어보셔야 합니다. 되물어보았을 때 제대로 답을 못 한다고 혼내지 말고 용어를 더 쉽게 바꾸거나, 그림을 그리거나, 동작으로 표현하면서 다시 설명해주셔야 합니다. 결코 만만한 작업이 아닙니다.

Q. 초등학생이면 이제 학습이라는 걸 시작하는 시기잖아요. 이렇게 배움이 느린 아이에게 어떻게 학습을 시키죠?

냉정하게 말씀드려서 학습이라는 단어는 버리셔야 합니다. 학습이 아니라 케어를 해주어야 합니다. 처음에 말씀드렸듯이 생후 25~36개월 사이에 발견하는 것이 가장 좋습니다. 초등학교 입학 전까지 몇 년의 시간이 있지요. 그 시간 동안 적극적인 케어가 이루어진다면 기초학습 부진이 되지 않을 정도의 수준으로 올릴 수 있습니다. 하지만 초등 시기가 돼서야 언어 발달에 장애가 있다는 걸 파악했다면 학습에 초점을 맞추어서는 안 됩니다. 그렇게 되면 과도한 스트레스로 인해 다른 증상으로 이어지는 악순환이 시작됩니다.

Q. 학습이 아닌 케어라는 말씀을 하셨어요. 어떤 케어인가요?

일단 학교 다니는 건 멈출 수가 없어요. 학교를 다니면서 케어를 해야 하는데요. 가장 먼저 학교에서 또래 아이들과 어떤 놀이를 하는지 알아보셔야 합니다. 포켓몬 카드를 하는지, 모눈종이에 오목을 두는지, 런닝맨을 하는지, 보드게임을 한다면 어떤 보드게임인지. 그러고 나서 가정에서 몇 번이고 그 규칙을 설명해주며 함께 그 놀이를 해주시는 것부터 시작합니다. 수업 내용을 못 알아들어도 일단 친구들과 놀 수 있다면 아이는 학교 다니는 걸 행복해합니다. 그 과정이 먼저입니다.

Q. 그런데 학부모 입장에서는 아무리 배움이 느리다 해도 학교 공부는 따라가야 한다고 생각하잖아요. 그 부분은 어떻게 하죠?

사실, 다시 말씀드리지만 학습보다는 많은 대화, 책 읽어주기, 함께 놀기가 필요합니다. 그래도 학습을 포기하지 못하는 경우가 더 많기 때문에 한 가지 방안을 말씀드립니다.

요즘 초등에서는 대부분 수행평가라는 걸 합니다. 그리고 수행평가의 경우 객관식보다는 서술형의 비중이 높습니다. 대부분의 학교에서 수행평가 계획이 미리 공지됩니다. 그럼 그 계획을 보시고 일단 그것만이라도 알아들을 때까지 반복해서 교육시키면 됩니다. 이렇게 말씀은 드려도, 저는 정말 권하고 싶지 않습니다. 아이가 정말 고통스러워할 겁니다. 엄마가 화를 내면서 가르치실 가능성이 높습니다.

Q. 배움이 느린 아이들에 대한 이야기를 했는데요. 마지막으로 강조

하고 싶은 내용을 정리해주세요.

초등학교에 입학하는 아이들이 점점 줄어들고 있습니다. 그런데 아이러니하게도 기초학습 부진아 및 배움이 느린 아이들은 점점 더 늘어나고 있습니다.

초등 이전까지는 배움이 아니라 발달에 초점을 두어야 합니다. 발달에 초점을 두고 성장한 아이는 초등 생활이 행복하고 배움 자체에 대해 두려워하거나 낯설어하지 않습니다.

자녀의 언어 발달에 긍정적 영향을 주는 아주 좋은 방법은 생동감 있는 언어를 자주 사용하는 겁니다. 언어를 통해 기쁨이 전달되고, 슬픔이 전달되고, 긴장감도 전달되는 살아 있는 표현이 필요합니다. 냉장고에 '사과'라는 글자를 붙여놓고 계속 따라 읽게 하는 것은 자녀에게 언어라는 것이 얼마나 무미건조한지를 알게 해주는 지름길입니다. 그런 행동들이 무의식적으로 배움을 느리게 만들 수 있다는 사실을 유념하셨으면 좋겠습니다.

적절한 보상

Q. 아이들이 잘했을 때 무언가를 해주는 경우가 참 많은데⋯ 또 아이들이 이런 보상을 요구하기도 하고요. 이런 보상이 교육적으로 괜찮은 건가요?

교육학자들 간에도 보상이 교육적인지 아닌지에 대한 논의가 많습니다. 하지만 한 가지 확실한 건 보상이 아이들에게 아주 좋은 동기 유발이 될 수 있다는 겁니다. 특히 반복적인 생활 습관을 익히는 데 도움이 됩니다. 만약 아이를 교육하는 과정에 보상이 없다면 아이들은 무척 지루해할 겁니다.

Q. 문제는 보상을 어느 정도까지 해줘야 하는지인 것 같아요. 특히

물질적인 보상은 자칫 매사에 대가를 바라는 아이로 키우는 것이 아닌지 염려도 되고요. 적절한 보상의 기준이 있나요?

단순히 어떤 행동에는 어느 정도의 보상이면 충분하다는 양적인 기준을 정하는 것은 불가능합니다. 아이마다 살아온 환경이 다르기 때문이지요. 어떤 아이에게는 사탕 한 개가 보상이 되기도 하지만, 누구에게는 늘 주어지는 흔한 것이기도 합니다. 많은 분들이 보상의 양적인 기준을 찾느라 중요한 사안을 놓치는데요. 무엇을 보상으로 해주느냐를 기준으로 하기보다 언제 보상을 해주면 되는지 그 시점을 찾는 데 몰두하셔야 합니다.

Q. 무엇으로 보상하느냐보다 보상 시점이 더 중요하다? 이유가 뭔가요?

물 한 잔을 보상으로 준다고 가정하겠습니다. 목이 마른 시점이 효과적일까요? 목이 마르지 않는 시점이 효과적일까요?

Q. 당연히 목마를 때가 더 효과적이겠죠.

네. 보통 부모님들이 보상으로 주는 것들이 한정되어 있습니다. 그리고 보상에 대해 많이들 고민하시지만 결국 선택하는 것들이 그리 큰 게 아닙니다. 그럴수록 보상 시기를 잘 정하시는 것이 중요합니다.

Q. 그럼 적절한 보상 시기는 언제인가요?

예를 들어 자녀에게 "상윤아! 한 달 뒤 수학 시험에서 3등 안에 들거나 95점 이상을 맞으면 3만 원짜리 장난감을 사 줄게. 열심히 공부해"하고 말합니다. 이건 보상 시기가 언제인가요?

Q. 한 달 후가 보상 시기겠죠.

똑같은 상황을 바꾸어 표현해보겠습니다. 수학 시험 범위까지 한 달간 매일 풀어야 할 양을 미리 계산한 뒤 이렇게 말합니다.

"서희야! 매일 학습지 두 장씩 꾸준히 풀면 한 달 뒤 시험 보기 전까지 문제집을 다 풀 수 있겠다. 매일 학습지 두 장을 풀 때마다 1,000원씩 줄게."

이건 보상 시기가 언제인가요?

Q. 학습지를 두 장씩만 푼다면 매일 보상이 주어지겠죠.

네. 결국 계산해보면 한 달 후 받는 보상 금액은 비슷합니다. 그럼 한 달 후 실제로 평소보다 성적이 오른 학생은 누구일까요? 누가 더 보상으로 동기 유발이 되어 공부했을까요?

Q. 글쎄요.

실제로 이런 실험을 한 사람이 있습니다. 《데이터가 뒤집은 공부의 진실》이라는 책에 하버드 대학교 롤랜드 프라이어 교수의 실험이 언급되는데요. 그는 두 그룹으로 나누어 실험을 진행합니다. 한 그룹은 성적이 올라가면 돈을 주었고요. 다른 그룹은 성적에 상관없이 독서, 숙제, 출석, 교복 착용 등을 하면 바로바로 돈을 주었습니다. 그런데 실제로 성적이 오른 그룹은 바로바로 돈을 받은 그룹의 학생들이었습니다. 즉, 보상은 마치 눈앞의 당근처럼 바로바로 주어졌을 때 효과가 있다는 것이죠.

Q. '무엇이 주어질까'보다는 '곧 보상이 주어지겠구나' 하는 기대감이 아이들을 움직이게 하는군요. 근데 부모님들 걱정은 계속 선물이나 돈으로 보상을 하면 갈수록 보상을 더 크게 해줘야 하지 않을까 하는 거예요.

갈수록 보상을 더 크게 해주어야 하지 않을까 하는 염려는 내려놓으셔도 됩니다. 아이들도 과도한 것과 소박한 것을 구분할 줄 압니다. 과도하지만 멀리 있는 보상보다는 소박하지만 지금 당장 받을 수 있는 사탕 하나면 충분히 만족합니다.

그리고 성적이 오르든 좋은 생활 습관이 자리 잡든 일정 기간 지속하여 성과를 얻기 시작하면, 그 자체가 아이에게는 또 다른 차원의 보상이 됩니다. 단돈 1,000원의 보상으로 시작된 학습이 새로운 문제를 푸는 즐거움이라는 보상으로 바뀌게 됩니다.

Q. 보상과 관련해서 초등 부모님이 하지 말아야 할, 혹은 조심해야

할 건 뭔가요?

이렇게 말씀하시는 분들도 많으시죠. "공부는 널 위한 거야. 그런데 공부한다고 엄마가 보상해줄 필요가 있겠니? 네가 열심히 하면 나중에 좋은 대학도 가고 좋은 직장도 얻는 거고, 결국 너 좋은 일 하는 거야. 그러니 열심히 해!"

이건 보상 시기로 보았을 때 최악의 시나리오죠. 최소 7~12년이 지난 후에나 보상이 주어진다는 이야기이고 그 기간 동안 아무 보상 없이 참고 견디라는 말인데요. 특히 초등학생들에게는 더욱 현실감이 없는 보상입니다. 아이들은 이렇게 느끼지요. '엄마 아빠가 나한테 장난감 사 주기가 아까운가 보구나.' 그리고 부모님들이 보상에 대해 착각하시는 것이 있습니다.

Q. 착각요? 뭘 착각한다는 거죠?

부모님은 보상했다고 생각하지만, 아이들은 전혀 보상이라고 여기지 않는 것이 있습니다. 바로 칭찬입니다.

칭찬이 지닌 힘은 분명 무시할 수 없습니다. 그런데 많은 부모님들이 칭찬해준 것만으로 보상했다고 생각합니다. 하지만 아이들 입장은 다릅니다. 칭찬받을 만한 일을 했으니 그에 따른 실질적인 보상이 이루어져야 진짜 잘한 거라고 생각합니다. 그런데 부모님들은 "참 잘했다"라고 말하고 끝입니다. 생일날 "축하한다" 하고는 더 이상 아무것도 없이 지나가는 것과 똑같지요.

Q. 아이들 입장에서는 뭐랄까, 그냥 말로만 때우는 것으로 보일 수도 있겠네요. 실제로 많은 부모님들이 칭찬만 하시나요?

보건복지부에서 2008년에 아동 종합 실태를 파악하면서 '자녀 칭찬 보상 방법'을 조사했는데요. 최근 통계자료가 없어 안타깝지만, 현재도 별반 다르지는 않을 거라 생각합니다. 당시 통계를 보면 한국 부모님들이 소득 수준에 상관없이, 지역에 상관없이 자녀에 대한 보상 방법으로 '말로 하는 칭찬'을 가장 많이 사용하는 것으로 나타났습니다. 두 번째가 용돈, 세 번째가 선물이었습니다. 4점 만점 척도에 '말로 하는 칭찬'이 3.0~3.4 정도면 대부분 말로 하는 보상을 선택한 겁니다. 대한민국 초등 학부모님들이 내 자녀에게 정말 많은 보상을 해주고 있다고 생각하시지만, 아이들 입장에서는 립서비스로 끝난 경우가 더 많았다고 볼 수 있지요.

Q. 보상은 실질적으로 이루어져야 효과가 있다는 말씀이신데, 걱정하시는 분도 있을 것 같아요. 보상 방식이 마치 강아지 훈련시키듯 "앉아!" 하고 앉으면 그때마다 과자 하나 던져주는 것 같고 아이를 비인격적으로 대하는 건 아닌지요.

이렇게 말씀드리고 싶습니다. 강아지에게도 뭔가 잘하면 칭찬하면서 간식이라는 구체적인 보상을 해주는데, 내 자녀는 뭔가 잘하면 칭찬만으로 끝내는… 오히려 강아지보다 못한 대우를 해주는 것은 아닌지 되묻고 싶습니다. 아이들에게 보상을 해주는 것에 대해 불안해하거나 인색하지 않으셨으면 좋겠습니다. 우리 아이들이 365일 중에 선물을 받을 수 있는 날이 어린이날, 생일, 크리스마스 이렇게 3일로만 기억되지 않았으면 좋겠습니다. 그 정도 보상으로 나머지 362일을 살아가기에 아이들 세상은 재미없는 것으로 가득합니다. 그 아이의 일기장에는 이렇게 적혀 있죠. "오늘도 어제처럼 재미없었다. 그런데 일기를 쓰려니 쓸 게 없다. 끝."

Q. 마지막으로 초등 자녀의 보상에 대해 한 말씀 해주시죠.

교육심리학자 아들러는 보상에 대해 이렇게 말했다고 합니다.

"최고의 보상은 과도한 칭찬도 물질적 보상도 아닌 인격적 존중이다."

저는 이렇게 말하고 싶습니다.

"정말 아이를 인격적으로 존중한다면, 칭찬만으로 끝내지 말고 감각으로 만져지는 보상을 아낌없이 자주 제공하십시오. 소리 지르지 않아도 아이가 바뀔 겁니다."

혼자 노는 아이

Q. 초등학생인데 혼자 논다…. 왕따 문제도 떠오르면서 걱정이 되는데, 그런 학생들이 많이 있나요?

많은 비율은 아닙니다. 한 반에 적게는 1, 2명 정도고요. 많게는 3, 4명 정도입니다. 그런 아이들은 별 관심이나 주목을 받지 못합니다. 왜냐하면 대부분이 워낙 조용히 혼자 놀거든요. 일단 어떤 문제를 일으키거나 싸우는 것이 아니기 때문에 그냥 놔둡니다. 담임 입장에서는 학급에서 신경 쓰이게 하는 아이들에게 관심을 주기에도 시간이 부족합니다.

Q. 그럼 교실에서 혼자 노는 학생들에게 좀 더 관심을 가져야 한다

는 말씀인가요?

그 아이들에게 특히 더 관심을 가져야 한다는 것은 아닙니다. 워낙 조용히 혼자 있어서 자칫 관심 대상에서 제외되지는 말아야 한다는 겁니다. 혼자 무언가에 몰두하면서 노는 것 자체는 아무 문제가 없습니다. 오히려 한 가지 분야에서 뛰어난 성과를 보일 수 있죠. 단, 초등 시기는 대인관계를 익히는 아주 소중한 시간입니다. 그때 익힌 관계성을 성인이 되어 사회에 나가서도 그대로 적용하죠. 그런 차원에서 아이들의 타인 관계성에 신경을 써주어야 합니다.

Q. 타인과의 관계성이라고 하셨는데, 보통 내향적인 사람들은 주변 사람들과 관계 맺는 데 시간이 오래 걸리잖아요. 혼자 노는 아이들이 대부분 내향적이라서 그런 거 아닐까요?

내향적인 아이일 경우가 많습니다. 하지만 내향적인 아이들도 대부분 관계 맺기를 합니다. 단지 관계 맺기의 폭에서 차이가 날 뿐이지요. 그런 아이들은 단 몇 명과 내면을 드러내는 깊은 관계를 맺습니다. 제가 혼자 노는 아이들 중에 염려되는 두 가지 양상을 말씀드릴 건데요. 우선 타인과 관계 맺는 것의 필요성 자체를 느끼지 못하는 아이들부터 말씀드리겠습니다.

Q. 한창 친구들이랑 놀 땐데, 어떻게 친구들과 관계 맺는 것의 필요성 자체를 못 느끼죠? 정말 그런 아이들이 있습니까?

'덕후'라고 들어보셨지요

Q. 일본어 '오타쿠'의 한국식 줄임말이잖아요. 요즘엔 어떤 분야에 전문가 이상의 열정과 흥미를 가진 사람을 그렇게 부르죠. 혹시 초등 아이들 중에 그런 덕후가 있나요?

개인의 적성과 흥미가 강조되면서 점점 눈에 띄게 늘어나고 있습니다. 예전에는 덕후라는 표현이 부정적 의미로 사용되었습니다. 너무 한 분야밖에 모르고 다른 사람과 관계를 잘 맺지 못하는 사람의 이미지였죠. 하지만 요즘에는 어떤 분야의 전문가라는 긍정적 시선이 많은데요. 안타까운 건 혼자 노는 아이들 중에 본인이 관계성 부족이라고 생각하지 않고 덕후 기질이 있어서 그렇다고 대수롭지 않게 넘기는 경우가 있다는 겁니다.

Q. 그게 관계성 부족이 아니라 정말 덕후라서 그럴 수도 있잖아요.

덕후 성향이 있다고 해서 타인과 교류하지 않는 것은 아닙니다. 같은 관심사를 가진 이들과는 오히려 아주 깊은 교류를 하죠. 그리고 누군가 자신이 관심 갖는 분야에 대해 질문하면 아주 열정적으로 설명을 해줍니다. 하지만 덕후가 아니면서도 자신이 덕후라고 착각하는, 혹은 흉내 내는 아이들은 누군가 다가오면 일단 방어부터 합니다.

Q. 일단 방어부터 한다… 어떻게요?

예를 들어 혼자서 종이접기에 빠져 있는 승우가 있습니다. 정말 너무 멋지게 여러 가지 종이접기를 연결해서 로봇을 완성했습니다. 그걸 본 한 아이가 다가와 어떻게 만드는 건지 알려달라고 합니다. 대부분의 종이접기 덕후는 그 상황에서 어깨를 으쓱하며 열심히 알려주죠. 그리고 관심 갖는 다른 친구를 종이접기 덕후의 길로 안내하려고 애씁니다. 이 길이 얼마나 좋고 행복한지를 알려주고 싶어 합니다. 하지만 일단 방어부터 하는 승우는 로봇을 서랍 속에 넣으며 "싫어"라고 짧게 대답하죠. 눈도 마주치지 않습니다. 그런 일이 몇 번 반복되면 더 이상 승우에게 다가오는 아이가 없어지죠.

Q. 왜 그렇게 방어적이죠? 자기 로봇을 뺏길까 봐 두려운 건가요?

일단, 그렇게 방어적으로 나오는 건 두려움 때문이 맞습니다. 문제는 무엇 때문에 두려운지 파악하기가 참 어렵다는 건데요. 대부분 인정받지 못한 경험에서 기인한 경우가 많습니다. 그렇게 멋진 로봇을 만들어놓고서도 분명 뭔가 부족할 거라 생각합니다. 그것을 들키기 전에 감추기에 급급한 거죠. 이미 그 정도 단계에 들어선 아이에게 너의 작품이 정말 멋지다고 이야기해도 잘 믿지 않습니다.

Q. 지금까지 교직 생활 하시면서 이런 아이들을 종종 만나셨나요?

매해 만납니다. 하지만 많다고 느껴지진 않아요. 왜냐면 1, 2명이니까요. 그리고 조용히 잘 지내니까요. 그래서 보통 관심을 잘 갖지 않아요. 하지만 생각해봐야 합니다. 그렇게 6년이라는 초등 시간을 보낸다면 어떻게 될까요. 타인과 같이 있어도 완전히 고립된 혼자만의 세상에 있는 거예요.

Q. 그럼 어떻게 해야 그런 아이들에게 두려움 없이 타인과 교류할 수 있는 기회를 만들어줄 수 있을까요?

쉽지 않은데요. 저는 일단 그 아이가 혼자 무언가 하고 있을 때 자주 다가갑니다. 그리고 멋지다거나 참 잘 만든다는 이야기를 해주지 않습니다. 그저 뭔가 말하고 싶은데 망설이는 표정을 짓다가 그냥 돌아오기를 반복합니다. 그러다 정말 어렵게 부탁한다는 느낌으로 말합니다.

"선생님은 너처럼 종이접기를 잘 못해서 말인데… 선생님 책상에 놓을 예쁜 종이꽃이 좀 필요해. 몇 개만 만들어줄래? 그리고 선생님이 종이접기 잘 못한다는 건 비밀로 좀 해주고…."

제가 그렇게 이야기해도 대부분 대꾸가 없거나 싫다고 합니다. 그런데 며칠이 지나면 제 책상 위에 종이꽃이 몇 송이 놓여 있죠. 그렇게 시작하는 겁니다. 두려움을 없애주는 최선의 방법은 일단 내 것을 누군가 정말 원한다는 느낌을 맛보게 해주는 겁니다. 그냥 잘한다는 칭찬만으로는 부족합니다.

Q. 혼자 노는 아이들 중에 염려되는 두 가지 양상을 말씀해주신다고 했는데요. 그럼 두 번째로 염려되는 아이들은 어떤 모습인가요?

어쩔 수 없이 혼자 노는 아이들입니다. 혼자 놀기는 싫은데 친구가 없어서 그냥 혼자 노는 거죠.

Q. 왜 친구가 없을까요?

그건 정말 아이들마다 이유가 달라서 뭐라고 정리해드리기 어렵습니다. 단, 제가 염려하는 부분은 이런 겁니다. 함께 놀 친구가 없더라도 대부분은 멈추지 않고 계속해서 놀고 있는 아이들 곁을 배회합니다. 즉, 주변을 계속 살피면서 누구랑 놀 수 있지 않을까 하며 돌아다니죠. 그런 아이들은 담임이나 아이들 눈에 들어옵니다. 그래서 언젠가 결국 도움을 받게 되어 있습니다. 그런데 그런 시도를 멈추고 포기한 채 혼자 노는 아이들은 더 이상 관심받기 어렵습니다. 계속 죽 혼자 놀게 되죠. 그나마 차선을 선택했다는 것에 안도하면서 머물러 있습니다. 그런 아이들은 혼자 놀고 있어도 눈빛에 신나는 에너지가 없습니다.

Q. 그럼 어떻게 해줘야 하나요?

자기가 정말 원하는 건 혼자가 아닌 함께 노는 것이라는 사실을 자꾸 일깨워줄 필요가 있는데요. 그런 아이들의 경우 자기 자신을 속이면서 이렇게 말합니다. "혼자 노는 것도 나름 재밌어"라고 말이죠.

물론 혼자 노는 것도 재밌는 건 사실입니다. 틀린 건 아니에요. 하지만 그걸 자신이 원하는 건 아니었다는 사실을 알게 해줘야죠. 그럴 때는 합리적 추론을 유도합니다.

Q. 합리적 추론은 어떻게 하죠?

그런 아이들은 대부분 근거 없이 비합리적 추론에 의해 그런 결론을 내립니다. '친구들이 날 좋아하지 않아' '나를 왕따 시키는 거야'라고 생각하면서 말이죠. 하나씩 합리적으로 짚어가면서 물어보는 겁니다.

"승우야, 너 친구랑 축구하는 게 좋아, 혼자서 책 보는 게 좋아?"

"당연히 축구죠."

"근데 지금 여기서 책 읽고 있어?"

"친구들이 나랑 축구하는 거 싫어해요."

"친구들이 싫어한다고?"

"네. 난 공격하는 게 좋은데 자꾸 수비하라고 하잖아요."

"그건 널 싫어하는 게 아니라… 공격보다 수비를 잘한다는 뜻이겠지…"

이렇게 하나씩 짚어줍니다. 의외로 고학년 아이도 자기 자신에 대해 비합리적인 판단을 하는 경우가 많은데요. 비합리적 판단이 반복되면 비합리적 신념으로 자리 잡습니다. '난 혼자가 더 좋아'라고 말이죠. 아이가 이런 비합리적 신념을 가졌다면 합리적 추론으로 처음부터 찬찬히 물어보는 과정을 통해 인식을 전환해야 합니다. 안타깝게도 이런 과정에서 많이들 답답해하시면서 버럭 화를 내시죠.

Q. 두 가지 양상의 혼자 노는 아이에 대해 이야기를 나눴는데요. 이게 부모가 심각하게 개입할 문제인가요? 아니면 크면서 저절로 나아질까요?

오해하실까 봐 말씀드립니다. 혼자서 잘 논다는 것, 긍정적인 겁니다. 단, 언제든 타인과 교류할 수 있는 유연성을 내재하고 있을 때 그 긍정이 배가됩니다. 비유적으로 표현해드리겠습니다. 새장 속에서 혼자 잘 노는 아이가 아니라 숲속에 나와서 혼자 잘 노는 아이가 되어야 합니다.

에리히 프롬의 영향을 받은 실존주의 임상심리학자 롤로 메이는 자신의 저서 《자아를 잃어버린 현대인》에서 이렇게 말합니다. "새장에 있으면서 자신이 포로가 되었음을 알았을 때 떠오르는 감정은 증오다"라고 말이죠.

제가 말씀드린 두 가지 양태의 혼자 노는 아이들을 그냥 관심 없이 지나치면 나중에 그들이 어른이 되었을 때 떠오르는 감정은 세상에 대한 증오가 될 수 있습니다. 어른이라면 내 자녀든 아니든, 혼자서 잘 노는 아이에게 일단 한 번씩 관심을 갖고 다가가주시기 바랍니다. 새장 안에서 혼자 노는 건지, 숲속에서 혼자 노는 건지 잘 살펴봐줘야 합니다.

초등학생 생일 파티

Q. 요즘 초등학생들의 생일 파티, 예전하고는 많이 다를 것 같은데 어떻게 하나요?

일반적으로 어른들이 생각하기에 초등학생 생일 파티면 친구들 몇 명 초대해서 케이크 자르고 아이들이 좋아하는 떡볶이, 피자 등을 시켜 먹으면 될 것 같지요. 그런데 막상 아이를 초등학교에 보내면 신입 학부모 엄마들 마음이 흔들립니다. 심지어 이렇게 말씀하시는 분도 계셨습니다. 초등학교도 입학했고, 뭔가 특별한 생일 파티를 해야 할 것 같아 이것저것 알아보니 돌잔치 준비할 때보다 힘들었다고 말이죠.

Q. '돌잔치보다 힘들었다'는 게 무슨 의미죠?

일단, 파티 장소 선정부터 신경을 쓰게 됩니다. 자녀 돌잔치 때처럼 어디서 어느 정도 수준으로 생일 파티를 해야 할지부터 고민이 시작되죠. 차라리 돌잔치는 부담이 없지요. 왜냐하면 아이가 기억 못 하니까요. 그런데 초등학생들은 자신의 생일 파티를 기억하지요. 그리고 한 달 전 단짝 친구 서희가 어떤 생일 파티를 했는지도 또렷이 알고 있어요. 생일 파티가 수준이 좀 떨어진다고 느끼면 내 자녀에게 상처가 될까, 자존심이 상할까 염려하시죠. 또 아이들도 자연스럽게 자신의 생일 파티가 적어도 친구 생일 파티 정도는 되어야 한다고 생각하고 있고요.

Q. 그럼 아이들끼리 서로 비교하고 형편이 안 되는 아이는 상처를 받을 텐데… 불편한 이야기네요. 그럼 요즘엔 생일 파티를 주로 어디서 하나요?

친한 친구 몇 명 불러서 집에서 하는 경우도 있고요. 집에서 음식 차려서 먹고, 아파트 놀이터에서 노는 수순을 밟죠. 하지만 보통 '생일 파티'라는 이름으로 정식 초대할 때는 키즈 카페 파티룸을 빌립니다. 장소만 빌리고 음식을 따로 준비하거나 배달시키기도 합니다. 아니면 장소에 음식까지 한 번에 세팅하는 것으로 주문합니다. 거기에 이벤트 업체에서 생일 파티를 주관해주기도 하고요. 아예 펜션을 빌려서 1박 2일로 놀면서 하는 경우도 있습니다.

Q. 비용도 만만치 않겠어요.

네. 단순히 장소만 두 시간 정도 빌리는 데 수십만 원은 기본으로 들어가죠. 거기에 음식, 콘셉트 사진 촬영, 이벤트 놀이까지 추가되면 비용은 계속 올라갑니다. 그래서 서로 마음이 통한다고 생각하고 자주 만나는 학부모들이 함께 공동으로 생일 파티를 하기도 합니다. 비용을 서로 나누는 거죠.

Q. 그렇게 진행되는 생일 파티, 아이들은 신나겠네요.

아이들은 정말 좋아하죠. 초대한 아이들이나 초대받은 아이들이나 정말 실컷 먹고 노는 시간이니까요. 더구나 평소 학원 갈 시간에 그렇게 놀게 해주니 정말 꿈같겠죠. 부모님도 비록 이것저것 신경 쓰느라 피곤하고 비용도 좀 들었지만 우리 아이가 친구들과 행복하게 어울리는 모습을 보면 하나도 아깝지 않다고 생각하시죠. 그런 모습을 바라보는 부모님들의 심정 충분히 이해 갑니다. 하지만 문제는 그 생일 파티에 초대받지 못한 아이들이 느끼는 상대적 박탈감입니다. 가정에서는 생일 파티가 끝나면 다시 일상으로 돌아가지만 학교는 그때부터 시작입니다.

Q. 뭐가 시작인가요?

파티에 초대받은 아이들과 초대받지 못한 아이들 간에 묘한 거리감이 생기기 시작하지요. 평소에 같이 잘 놀던 사이라고 생각했는데 나중에 알고 보니 다른 친구들만 초대하고, 그 아이들한테는 파티에 와줘서 고맙다는 의미로 똑같은 샤프를 나누어 주고, 자기는 없고… 아이 입장에서는 받아들이기 힘들죠.

Q. 그런 일이 자기한테만 생기면 정말 많이 서운하겠어요.

예, 많이 서운하죠. 그런데 아이들은 그러한 감정 자체를 어떻게 해야 하는지 잘 모릅니다. 그냥 혼란스러워 해요. 내가 뭘 잘못한 건 아닌지, 서운해서 그 친구를 욕하고 싶은데 욕하면 안 되는 것 같고, 나도 똑같이 복수하고 싶은데 그러면 나쁜 아이가 될 것 같고… 화가 나는데 그렇다고 왜 나를 초대하지 않았냐고 따질 수도 없는 노릇이고, 이 감정을 어떻게 처리해야 할지 몰라 합니다.

Q. 내 자녀가 그런 일로 상심하고 있다면 부모는 어떻게 해줘야 하나요?

그러한 상황을 부모가 인지하면 사실 같이 속상합니다. 그리고 후회를 하시죠. 내가 직장 생활에 바빠도 아이들이 서로 섞여서 놀 수 있게 초대도 하고, 엄마들 모임도 나가고 했어야 하는데… 그러지 못해서 우리 아이가 초대받지 못한 건 아닌가 하고. 일단 그런 자책은 내려놓으셨으면 좋겠습니다. 그 순간 생각하셔야 할 것은 우리 아이의 자존감입니다. 아이들은 생일 파티에 초대받지 못했다는 사실을 공식적인 거절로 받아들입니다. 단순히 누구 한 명에게 배제된 것이 아닌, 그 초대받은 아이들 전체에 의한, 집단으로부터의 소외감이죠. 그래서 우선적으로 해줘야 할 일은 사실은 그렇지 않다는 것을 인지하게 해주는 겁니다.

Q. 그 말은 집단으로부터 소외된 것처럼 보이지만 실제로는 그렇지 않다는 얘기인가요?

대부분은 그렇습니다. 초대받은 아이들은 그냥 초대받은 것이 좋아서 간 겁니다. 그 아이들이 초대받지 못한 아이를 싫어하거나 나쁘게 생각하는 건 아닙니다. 그런데 막상 초대받지 못한 상태에서는 그 모든 아이들이 자기를 소외했다고 생각하거든요. 어떤 개인에게 거절당했다고 느끼는 것과 집단에 의해 소외되었다고 생각하는 것은 자존감에 큰 차이를 가져옵니다. 초대받지 못해 많이 힘들어하는 마음을 공감해주면서 동시에 거기에 초대받은 다른 아이들 모두가 너를 싫어하거나 거절한 게 아니라고 이야기해줘야 합니다.

Q. 즐겁자고 하는 파티가 누군가에게 이런 상처를 줄 수 있다면 준비하는 입장에서도 난처하겠어요.

실제 서울 시내 어떤 학교에서는 생일 파티로 인해 아이들 간의 왕따, 혹은 학부모들 사이에 경쟁, 갈등이 생겨서 생일 파티를 하려면 가급적 학급 모든 아이들을 초대하라고 권고하기도 했습니다. 생일 파티로 인해 파생되는 문제점들에 얼마나 골치가 아팠으면 그랬을까 하는 생각도 듭니다. 하지만 그러한 권고가 주는 실질적 영향력은 미미하다고 할 수 있고요. 저는 가급적 생일은 가족과 함께하는 시간이라는 개념을 자녀에게 교육하기를 권합니다. 그리고 공식적인 생일 파티는 초등 고학년이 되었을 때 한 번 혹은 두 번 정도 신경써서 해주는 것으로 충분하다고 말씀드리고 싶습니다.

Q. 저학년이 아닌 고학년인 이유가 있나요?

고학년이 되면 어느 정도 임의의 그룹이 형성됩니다. 그리고 생일에 초대하고 싶은 멤버가 명확해지죠. 그땐 초대받지 않은 아이들도 어느 정도 예상은 합니다. 그리고 기대를 안 하죠. 오히려 함께 잘 놀지 않던 아이가 자신을 초대하면 어색해합니다.

Q. 그러니까 어느 정도 친한 친구들이 정해지고 그룹도 형성한 고학년 시기에 친한 친구 몇 명을 초대하는 정도가 좋다는 말씀이시네요.

네. 그쯤 되면 초대할 사람도 분명해지면서 동시에 생일 파티에 친구들과 모여 할 수 있는 놀이가 많아집니다. 파티는 간단히 분식집에서 먹고 싶은 거 먹고, 놀이공원 가서 하루 종일 활동적인 놀이 기구를 타기도 하고, 계절에 따라 수영장에 가거나 눈썰매를 탈 수도 있고요. 부모가 적당한 가이드라인을 정해주고 장소에 데려다주면 아이들이 알아서 잘 놉니다. 손도 덜 가지요. 저학년이라면 모든 이벤트를 처음부터 끝까지 부모가 해줘야 한다는 부담도 있고요. 저학년은 아직 서로를 잘 모르는 상태여서 행여 아이들끼리 싸움이라도 일어나면 초대한 입장에서 참 난처해지기도 합니다.

Q. 자녀의 생일 파티를 준비하는 학부모님께 가이드를 주신다면요?

아이들마다 성향이 모두 다릅니다. 어떤 아이는 시끌벅적한 생일 파티를 원하고, 어떤 아이는 조용한 파티를 원합니다. 또 어떤 아이는 별로 친구를 초대하고 싶어 하지 않습니다. 적어도 생일만큼은 아이가 원하는 방식을 존중해주시고, 생일 파티를 빌미로 엄마 아빠가 원하는 무언가를 얻으려는 계산을 내려놓으셨으면 좋겠습니다.

Q. 무언가를 얻으려는 계산이라면 뭘 말씀하시는 건가요?

너의 생일날 이만큼 해줬으니, 너도 무언가를 열심히 해야 한다는 압박입니다. 반대의 경우도 있습니다. 성적이 얼마만큼 나오면 생일 파티를 해주겠다고 말하기도 합니다. 생일은 자신이 태어난 날입니다. 어떤 조건도 없이 축하받아야 하는 날입니다. 태어난 날을 가지고 거래하려는 시도는 아이의 자존감에 부정적인 영향을 끼칩니다. 내가 존재하는 의미가 어떤 협상의 대상이 되는 순간, 자녀가 느끼는 자신의 가치는 그 정도로 머물게 됩니다.

Q. 초등학생들의 생일 파티에 대한 이야기를 했습니다. 마무리로 꼭 당부하실 말씀이 있으시다면요?

초등학생들이 공식적으로 선물을 받는 날은 1년에 세 번입니다. 어린이날, 크리스마스, 생일입니다. 그중 가장 중요한 날은 생일입니다. 다른 날은 대부분의 친구들도 선물을 받지만, 생일에는 자기만 받기 때문입니다. 아무리 바쁘셔도 자녀의 생일 선물만큼은 정말 소중하다 싶은 것으로 골라 주시기 바랍니다. 그리고 생일날 가장 중요한 파티는 가족이 함께 있어주는 것이라는 사실을 잊지 않으셨으면 좋겠습니다.

초등학생 둔감성 기르기

Q. 둔감하다… 뭔가를 느끼는 데 좀 둔하다는 거잖아요. 어찌 보면 부정적인 느낌도 드네요. 그런데 선생님은 둔감성을 기르는 것에 초점을 맞추셨습니다. 왜죠?

둔감하다는 표현을 이렇게 바꿀 수도 있습니다. '덜 민감하다.' 학교에서 살펴보면 아이가 뭔가 피해받는다고 느끼는 것은 예민하게 반응해서일 때도 많기 때문인데요. 신체 폭력, 왕따, 정신적 압박을 당한 경우를 제외하고도 아이들 간 대인관계에서 어려움을 호소하는 아이들이 생각보다 많습니다. 작고 사소하다고 여겨지는 것들에 민감하게 반응해서 그런 건데요. 그런 일상적인 일에 대해 어느 정도 무뎌질 필요가 있습니다. 정형외과 의사이자 작가인 와타나베 준

이치는 이를 '둔감력'이라고 표현했습니다. 어떻게 하면 초등학생들에게 이런 둔감력을 갖추게 할 수 있을까를 함께 고민해보겠습니다.

Q. 민감하고 예민한 아이들이 둔감한 아이들보다 스트레스를 더 많이 받을 것 같기는 합니다. 그럼, 성격이 좀 예민한 아이들은 왜 그런 걸까요?

선천적인 부분도 있습니다. 타고나기를 감각적으로 예민한 거죠. 그런데 환경적으로 예민해지는 아이들도 있는데요. 그런 아이들은 완벽을 추구하는 가정환경에서 성장했을 가능성이 높습니다. 그리고 민감성의 정도는 양육자의 태도와 긴밀히 연결되어 있습니다. 부모가 민감하면 아이들도 민감합니다. 그렇다고 민감성이 부정적이라는 의미는 아닙니다. 살아가는 데 필요하고 중요합니다. 문제는 그것이 민감에 머무르지 않고 과민으로 갈 때 발생합니다. 혹시 민감성과 과민성의 차이를 아시나요?

Q. 뭐⋯ 글자 그대로 민감한 것이 지나칠 때 과민하다고 하죠.

초등학생들을 바라볼 때 민감한 아이, 예민한 아이, 과민한 아이를 구분하는 방법이 있습니다. 민감한 아이는 대책을 세우고요. 예민한 아이는 스트레스 수치가 높습니다. 과민한 아이는 정도에 따라 짜증을 내거나 심하면 불안도가 높습니다.

Q. 그럼 둔감한 아이는 어떤가요?

둔감한 아이는 학교생활이 즐겁죠. 일단 대책을 세울 일도 없고, 스트레스받을 일도 없으니까요.

Q. 근데 부모 입장에서는 둔감한 아이가 마냥 좋아 보이지는 않을 것 같아요. 그렇게 둔감해서 세상에 어떻게 적응하고 살지 걱정될 수도 있겠는데요.

이렇게 생각하셨으면 좋겠습니다. 아이들이 즐거운 어떤 것들에 몰두할 수 있는 이유는 그 밖의 다른 것들에 대해서는 둔감하기 때문이라고 말이죠. 상당히 많은 아이들이 이미 예민을 거쳐 과민 상태에 있습니다. 쉽게 흥분하고, 화내고, 짜증 내고, 눈 깜짝할 사이에 주먹이 오가고… 아직 초등학생인데도 벌써 과민성 신체 반응을 보이는 학생들이 학급에 늘고 있습니다.

Q. 과민성 신체 반응요? 그게 뭔가요?

대표적으로 과민성대장증후군입니다. 특별한 이유를 찾기 어려운 상황에서 갑자기 설사 증세를 보이죠. 대부분 뭔가 스트레스를 받는 상황이 오면 반복적으로 일어납니다. 예전에는 아주 드물었지만, 지금은 학급에서 비슷한 증세로 화장실을 급하게 찾는 아이들을 보는 게 그리 어렵지 않습니다. 알레르기성 비염, 아토피로 고생하는 아이들은 이미 일상이 된 지 오래입니다.

Q. 이야기를 들을수록 민감한 아이들을 그냥 무심히 지나쳐선 안 된다는 생각이 드는데요. 과민하게 반응하는 아이들, 좀 둔감하게 하는 방법은 뭘까요?

먼저 충분히 재워야 합니다. 초등학생들이 학년이 올라가면서 수면 시간이 급격히 줄어들고 있습니다. 최근 한 아동 연구소의 발표에 따르면 초등학생 수면 권장 기준 시간(9시간 이상)을 충분히 채우는 아이보다 미달되는 학생 수가 훨씬 많은데요. 약 78퍼센트 정도가 수면 권장 시간 미달입니다. 공부하는 아이들은 선행학습 하느라, 공부하지 않는 아이들은 엄마 몰래 유튜브 보느라 잠자는 시간이 줄어듭니다. 잠이 충분하지 못하면 신경이 날카로워지고 민감해질 수밖에 없습니다.

Q. 수험생들도 아니고, 초등학생들이 수면 부족이라… 안타깝네요. 그럼 우리 아이들이 지금보다 조금 더 둔감해지기 위한 방법은 또 뭐가 있나요?

운동을 해야 합니다. 앞에서 언급한 아동 연구에서 초등학생들에게 적정한 신체 활동 시간을 충족하는 아이들은 전체의 약 26퍼센트 정도밖에 되지 않았습니다. 결론적으로 약 70퍼센트 넘는 아이들이 수면 부족, 운동 부족이란 이야기죠. 만성적 스트레스를 늘 가지고 사는 거죠. 쉽게 짜증 나고 민감해지는 건 어찌 보면 당연한 결과입니다.

Q. 주변 시선을 의식하는 아이들의 민감성은 왜 생기는 거죠?

자존감과 밀접히 연결되어 있습니다. 다른 사람들의 시선이나 그들이 나를 평가하는 말 한마디에 무게감을 느끼는 거죠. 그들이 좋다고 하는 시선에 안도하고, 좋지 않다는 듯한 표정에 불안해합니다. 아직 자존감이 굳건하지 못해서 나타나는 모습입니다.

Q. 그럼, 그런 아이들의 자존감을 높여주고 타인의 시선에 둔감해지게 하려면 어떻게 해야 하나요?

상상을 멈추게 해야 합니다.

Q. 상상을 멈춰요? 아이들의 상상은 창의력의 시작 아닌가요?

제가 멈추게 해야 한다는 것은 그런 긍정적 의미의 창의적 상상력이 아닙니다. 일어나지 않은 부정적 스토리를 계속 이어가는 상상을 말합니다. 타인의 시선에 의존하는 아이들의 특징은 머릿속으로 계속 스토리를 만들어내는 것입니다. '서희가 분명 나를 보고 비웃은 거야. 왜 비웃었을까? 어제 영어 시간에 발음이 좀 이상했던 걸 눈치챈 건 아닐까?' 타인을 의식한 시선에서 시작된 하나의 상상이 계속되죠. 그런 상상을 멈추게 해줘야 합니다.

Q. 어떻게 그런 상상을 멈추게 하죠?

타인의 시선에 민감하게 반응하고 계속 상상을 이어가며 고민하는 아이에게 자주 말해주시면 됩니다.

"생각보다 너에게 관심 갖고 너를 바라보는 사람은 별로 없다."

Q. 그렇게 말했다가 상처받으면요?

상상 속에서 더 큰 자신을 만들어내다가 나중에 현실을 직시했을 땐 상처가 아니라 깊은 회피 충동을 느낍니다. 심한 우울감이 올 수도 있고요. 타인의 시선에 예민한 아이들에게 정말 상처를 주고 싶지 않다면, 있는 그대로의 현실을 찬찬히 알려줘야 합니다. 내가 생각하는 것보다 다른 사람들이 나에게 관심이 없다는 사실을 인지하게 되면 오히려 경직성이 풀어집니다.

Q. 초등학생들의 둔감성 기르기…. 자세히 보니 좀 덜 예민할 필요가 있다는 내용입니다. 어른들도 마찬가지고요. 털어버릴 건 털어버리고 가야겠네요. 마무리 정리 부탁드립니다.

벨기에의 자크 러클레르크 교수는 그의 저서 《게으름의 찬양》에서 이렇게 말합니다. "우리의 삶이 제대로 인간적이려면 거기에는 '느림'이 있어야 합니다." 저는 이 느림을 둔감해질 수 있는 좋은 방법이라고 생각합니다.

사람이 민감해지는 것은 너무 많은 것을 하려고 하기 때문입니다. 그런데 결국은 스트레스만 받고 제대로 완결되는 것은 별로 없지요. 그러면 또 더욱 많은 일들이 다가오고, 다시 더 민감해지고, 어느 순간 감당하기 어려워집니다. 민감한 아이들이 많아졌다는 말은 아이들에게 해야 할 것들이 갑자기 많아졌다는 의미도 됩니다.

우리 아이들에게는 아직 많은 시간이 있습니다. 한 번 정도 아이에게 아무것도 하지 않아도 되는 '자유의 날'을 선사해주시길 바랍니다. 아이들도 휴가가 필요합니다. 더없이 좋은 둔감력을 선물해줄 수 있습니다.

리더십 있는 아이들

Q. 우리 아이가 학급에서 리더십 있다는 평판을 받는다면 부모 입
   장에선 정말 좋을 것 같은데, 초등 교실에서도 리더십이 돋보이는
   아이들이 있나요?

네. 어느 학급이든 동년배이면서 친구들에게 긍정적 영향력을
미치는 아이들이 있습니다. 그런 아이들의 경우 담임교사 입장에서
더욱 신뢰감을 느끼고, 심지어 일정 권한을 주기도 하지요. 어찌 보면
리더십을 인정받는 학생들은 친구들뿐 아니라 담임교사에게도 인정
받기 때문에 상당한 자존감을 형성할 수 있지요. 부모가 아닌 정말 타
인에게서 인정받는 것이니까요. 비록 학급 내이긴 하지만 학생들에
게는 사회생활의 성공적인 출발이기도 하지요.

Q. 리더십을 통해 타인에게 인정받는 기회를 갖는 게 아이 인생에서 참 중요한 경험일 텐데, 초등학교 교실에서의 리더십이 뭔가요? 자기 주장대로 친구들을 이끌어가는 건가요?

'리더leader'라는 말이 사람들을 이끌어 가는 대표를 뜻하지요. 하지만 아직 자기중심성이 강한 초등학생들에게 학급에서 막강한 권한을 가질 만큼의 리더는 사실 존재하기 어렵습니다. 왜냐하면 각자의 개성대로 자신이 원하는 뭔가를 하고 싶어 하기 때문이지요. 누군가 자기 생각에 반대하면 그냥 그 친구 빼고 마음이 맞는 친구들과 모여서 무언가 하면 그만이지요. 그래서 전체를 통합하는 리더십은 좀처럼 보기 어렵습니다. 초등에서의 리더란 친구들을 자기 뜻대로 움직이고 이끌어 가는 학생을 뜻하지 않습니다. 대신 처음 언급한 대로 주변 친구들에게 긍정적 영향력을 미치는 아이를 리더십을 갖춘 아이라고 인정해주는 것이지요.

Q. 긍정적 영향력을 미친다? 좀 더 설명이 필요한데요.

사실 학급에서 인기 있는 아이들은 늘 존재합니다. 보통 능력이 뛰어난 아이들이지요. 남자아이의 경우 축구를 잘한다든가, 여자아이의 경우 악기를 잘 다루거나 춤, 노래를 잘하는 아이이지요. 또는 탁월한 유머 감각으로 친구들을 잘 웃기는 아이들이 인기가 많습니다. 그런데요. 아이들도 압니다. 그들은 인기가 많은 것이지 리더십이 있는 것은 아니지요. 이런 겁니다. 초등학생들은 누군가 자신을 도와주면 그 학생에게 감사함을 넘어 감동을 받습니다. 누군가 자신을 위해 크레파스를 아낌없이 빌려주거나, 자기가 아파서 힘들어할 때 기꺼이 보건실에 함께 가주거나 하는 모습을 보고 감탄하는 거지요. 어떻게 자신은 상상하기도 힘든 일을 아무 조건 없이 해줄 수 있을까 하고 말이지요. 그런 베푸는 아이들이 다른 아이들도 자기중심성에서 서서히 벗어나게 하는 영향력을 끼칩니다. 즉, 타인의 행동을 바꾸게 하는 것이지요. 꼭 논리적인 주장이나 설득의 과정이 필요한 것은 아니지요.

Q. 그런 경우는 리더라기보다는 착한 아이 아닌가요?

네. 타인을 배려할 줄 아는 착하고 모범적인 아이라고 보통 말하지요. 그런데요. 우리가 그간 간과한 것이 있습니다. 마치 막강한 카리스마로 누군가를 확 잡아 이끌고 가야 리더십이 있다고 생각하는 것이지요. 하지만 초등 학급에서는 다릅니다. 누군가를 자기 생각대로 이끌어 가려 하는 친구는 반대하는 아이들에게 공격받기 쉽습니다. 조용하면서도 힘들어하는 누군가에게 공감하고 배려하는 학생은 공격받지 않아요. 오히려 아이들에게 존경을 받지요. 그리고 그런 아이들이 섞여 있는 그룹에서는 모둠 활동이 잘 이루어집니다. 왜냐하면 모둠에서 소외되는 아이들이 없도록 배려가 이루어지거든요.

Q. 그래도 배려를 잘하는 아이를 '리더십이 있다'고 하기에는 뭔가

확 납득이 안 되는데요.

네. 보충 설명 드리지요. 보통 모둠 활동에서 능력자가 있는 경우 그 아이는 뒤처지는 아이들을 배제해버린 채 상황을 주도합니다. 그러면 결과물이 빠르게 나오고 좋은 성과를 내지요. 그럼 소외된 아이들은 함께 뭔가를 계획하거나 시도하지 않아요. 그저 잘하는 아이 옆에서 편승할 뿐이지요. 담임 위치에서 눈에 다 보입니다. 이건 모둠 작업이 아니라 한 명의 능력으로 이루어진 결과물이라는 것이 말이지요. 그 결과 이런 사태가 벌어집니다. 열심히 혼자서 해결해낸 친구는 다른 구성원들을 짐으로 여기지요. 그래서 다음 모둠 활동을 할 때는 노골적으로 못하는 친구와 함께 하기 싫다는 표정을 짓지요. 또 자기만 고생하게 생겼다고 말이지요. 그리고 심할 경우 다툼이 일어납니다. 누구 때문에 우리 모둠이 안 좋다며 이번에는 구성원을 바꿔달라고 해요. 그런 능력자를 리더라고 할 수 있을까요?

Q. 물론 능력만 가지고 리더라고 할 수 없겠죠. 그렇다고 배려만 하는 아이가 리더라고 하기에도 뭔가 부족한 거 아닌가요?

네. 타인 배려에만 머물러 있다면 말씀하신 대로 리더라고 하기에는 부족하지요. 하지만 그들은 배려를 통해 '조율'을 해냅니다. 그것이 바로 리더의 면모를 지니게 하는 것이지요. 리더는 타협과 조율의 과정을 마주하는 인내가 있어야 하는데, 초등 교실에서 타협과 조율을 해내는 아이들은 소외된 친구들에 대한 배려를 통해 그것을 성공적으로 이끌어내지요. 그래서 모둠 구성원 모두가 만족합니다. 왜냐하면 보통 소외되었던 아이들은 자신이 능력이 없는 줄 아는데 모둠 활동에서 뭔가를 해내는 성취감을 느끼게 해주거든요.

Q. 배려를 통해 조율과 타협을 이끌어낸다는 말씀이시군요. 설득과 주장이 아니고요.

네, 맞습니다. 바로 그겁니다. 설득을 통한 주장은 오히려 능력자들의 역할이지요. "니들보다 내가 더 잘하니까, 내가 하라는 대로 하면 돼!"라고 말하면 끝입니다. 하지만 공감을 통한 배려를 할 줄 아는 아이들은 바로 눈치를 챕니다. '찬우가 실력은 없으나 이걸 꼭 하고 싶어 하는구나'를 느끼지요. 그래서 그 친구에게 기회를 줍니다. 기회를 얻은 친구는 고마움을 느끼고 최선을 다하지요. 그리고 자신이 모든 걸 다 하려 하기보다 일정 부분 또 다른 친구에게 역할을 넘깁니다. 이런 식으로 역할이 분담되고 즐거운 모둠 활동이 됩니다. 그러면 모둠원 전체에게 의미 있는 변화의 기회가 생기지요. 어찌 보면 카리스마가 넘치는 사람이 아니라, 타인 스스로 변화할 수 있는 기회를 주는 사람이 진정한 리더가 되는 것이지요.

Q. 타인 스스로 변화하게 이끈다. 대단한데요. 아이들에게 어떻게 그게 가능할까요? 어린 나이에 자기중심성을 포기하고 공감과 배려를 하기가 쉽지 않을 텐데요.

네. 리더십이라는 것이 결국에는 공감과 배려에서 시작된다는 점을 이해하는 것만으로도 많은 설명과 시간이 걸렸네요. 그럼 이제 본격적으로 초등 시기 타인에 대한 공감과 배려를 잘하도록 하는 교육 방안에 대해 말씀드리겠습니다. 그것이 또한 리더십과도 연결되고요.

Q. 공감, 배려를 통한 리더십 교육⋯ 궁금한데요. 자녀를 그런 아이로 교육하려면 어떻게 해야 하나요?

'전이적 접근'을 해야 합니다.

Q. '전이적 접근'이 뭔가요?

고맙게도 인간의 심리는 '전이'라는 것을 일으킵니다. 논리적 설명과 설득이 아무리 좋아도 전이가 이루어지지 않으면 공염불에 불과하지요. 그런데 한번 전이 현상이 일어나면 오히려 논리적 설명과 설득이 없어도 큰 효과를 발휘하지요. 공감을 통한 리더십 교육은 '감정전이'를 통한 경험에서 아이들이 직접적으로 느끼게 할 수 있습니다.

Q. 좀 더 구체적으로 설명해주세요.

네, 이런 겁니다. 타인에게 공감하는 데 서툰 찬우가 있어요. 자기중심성이 아주 강하지요. 그런 찬우에게 아무 이유 없이 지나가다가 그냥 머리를 쓰다듬어줍니다. 그리고 눈빛을 한번 보내지요. 선생님은 찬우를 참 좋아한다는 느낌으로요. 처음 몇 번은 찬우가 어리둥절해하지만, 자주 하다 보면 느끼는 거지요. '선생님이 날 좋아하는구나' 하고요. 그때가 바로 제 감정이 찬우에게 전이되는 순간이지요. 그렇게 전이가 되었다고 느낀 후에 찬우에게 넌지시 말해줍니다. "찬우야, 네가 다른 친구들 말을 좀 귀담아들었으면 좋겠다."

사람은 보통 나를 좋아하는 사람이 어떤 제안을 할 때 감정적으로 그걸 들어주어야 한다고 느낍니다. 심지어 옳지 않은 제안을 하더라도 말이지요.

Q. 그럼 그땐 찬우가 그 말을 듣나요?

전이가 일어난 후부터는 제 말을 늘 의식하게 돼요. 그리고 점차 확대되어 타인을 의식하기 시작하고요. 아무리 논리적으로 설명하고 합당하게 100번 이야기해도 듣지 않던 아이들이 감정전이를 경험하면 자동적으로 새로운 안테나가 생깁니다. 그 안테나를 통해 타인의 말, 행동, 욕구를 잡아내는 거지요. 그렇게 공감이 확대되면 결국 조율과 타협을 하는 리더의 단계까지 올라가는 거지요.

Q. 꽤 시간이 필요할 것 같은데… 그런 변화가 학교에서 눈에 보이나요?

냉정하게 말씀드려서 단지 1년간 학급을 맡는 담임의 역할로는 리더적 공감의 수준까지 이끌기는 어렵습니다. 시간이 무척 오래 걸려요. 그런데 한 가지 확실하게 말씀드릴 수 있는 건 감정전이를 느끼도록 하는 과정이 오래 걸리지만, 한순간 전이가 이루어지면 눈에 보이게 달라지는 걸 느낄 수 있다는 것이지요.

Q. 전이를 통해 공감적 배려 능력을 갖추고 결국 리더의 면모를 익힌다는 말씀 잘 들었습니다. 마지막으로 초등 리더십에 대해 한 말씀 해주시죠.

제가 연말에 학생들 생활기록부를 작성하면서 종합 서술란에 이렇게 적어주는 아이들이 있습니다. '말없이 조용히 있는 듯하면서도 학급 친구들에게 영향력을 미침'이라고요. 이런 아이들은 제게 초등학교에서 갖추어야 할 충분한 리더십을 인정받은 아이들입니다. 내 자녀가 말수가 별로 없고, 주장도 잘 못 하는 것 같고, 잘 나서지 않는다고 너무 염려하지 마시기 바랍니다. 중요한 건 표현이 아니라 공감이며 그것이 초등 리더의 기본 자질임을 잊지 마시기 바랍니다.

Q. 초등학생들은 언제부터 또래 집단을 형성하기 시작하나요?

초등 1, 2학년까지는 아직 자기중심성이 강합니다. 타인을 의식하기보다 자기 자신에 집중되어 있기 때문에 집단 형성을 잘 못 합니다. 하지만 자기중심성을 벗어나는 3학년 즈음부터는 본격적으로 또래 집단을 형성합니다.

Q. 자기중심성을 벗어나는 것과 또래 집단을 형성하는 것, 어떤 연관이 있는 거죠?

자기중심성을 벗어나는 것은 타인의 능력이나 관점을 신뢰하기 시작했다는 겁니다. 다른 누군가를 신뢰할 수 있다는 생각이 또래 집단을 뭉치게 합니다. 이러한 또래 집단은 그들만의 독특한 특징을 보입니다.

Q. 독특한 특징요? 예를 들면 어떤 건가요?

가장 두드러지는 특징은 또래 집단 내에서만 적용하는 규칙이 있다는 겁니다. 예를 들면 어떤 또래 집단 아이들은 아침에 등교하면 반드시 운동장에서 기다리다가 다 모이면 교실로 들어옵니다. 자기들만의 규칙이죠. 또는 누구 한 명이 화장실에 가면 반드시 다 같이 갑니다. 그런 소소한 행동들이 마치 규칙인 듯 행동합니다.

Q. 그런 규칙들을 만드는 이유는 뭔가요?

집단의 구속력을 확보하면서 동시에 다른 또래 집단에게 쟤네들은 저렇게 할 정도로 친하다는 인상을 주는 겁니다. 그걸 일종의 자긍심처럼 느끼기도 합니다.

Q. 그렇게 또래 집단을 형성하려면 일단 외향적인 아이들이 주로 그룹을 만들겠네요.

그렇지 않습니다. 어차피 한 반에 외향적인 아이들은 20퍼센트 정도밖에 되지 않습니다. 또래 집단을 형성할 때는 내향적인 아이들과 외향적인 아이들이 섞입니다. 외향이냐 내향이냐보다는 모이는 아이들 간에 신뢰감이 있느냐 없느냐로 그룹이 나뉩니다.

Q. 초등학생들이 이렇게 또래 집단을 형성하는 건 좋은 건가요, 나쁜 건가요?

좋다 나쁘다 말하기보다는 자연스러운 사회화 과정이라고 보시면 됩니다. 또래 집단 아이들의 생활을 보면 단점보다는 장점이 더 많습니다. 어른들이 일일이 다 가르칠 수 없는 관계성을 배웁니다. 감정의 주고받음부터 시작해서 공감, 협동, 심지어 배신의 과정도 익힙니다.

Q. 배신요? 그건 안 좋은 거 아닌가요?

안 좋은 거라기보다는 힘든 겁니다. 하지만 한 번 정도는 반드시 거칠 필요가 있는 또래 집단에서의 과정입니다. 내가 믿었던 대상이지만 어느새 나를 욕하고 있는 모습을 볼 때의 충격, 신뢰와 불신 사이에 선 아픔…. 사실 이런 과정들을 충분히 겪으면서 아이들은 인간관계에 대한 회복탄력성을 익히는 겁니다.

Q. 초등 시기 또래 집단도 가만히 보면 어른들의 세계와 다를 게 없네요. 그럼 학교에서 처음으로 또래 집단을 만들고 그 속에서 어울리는 자녀에 대해 부모는 어떤 입장을 취해야 하나요?

또래 집단의 최대 장점은 앞에서 말씀드린 대로 내 아이의 사회성을 친구들을 통해 키울 수 있다는 겁니다. 이건 부모가 해줄 수 있는 영역이 아닙니다. 이때 부모는 그들만의 또래 문화에 대해 관대한 관점을 가질 필요가 있습니다. 그 집단만의 규칙이 분명히 있는데 그걸 대수롭지 않게 생각한다면, 부모와 자녀의 간극이 커집니다. 그리고 또래 집단에 속한 자녀 입장에서 양가감정을 느끼게 됩니다. 집단의 규칙을 따르자니 엄마가 걸리고, 엄마의 말을 듣자니 집단의 규칙이 걸리게 됩니다.

Q. 또래 집단의 규칙… 어른이 보기엔 시시해도 아이들에겐 굉장히 중요하다는 사실을 일단은 받아들여줘야겠네요.

도덕적으로 나쁜 행위를 하는 것이 아니라면 또래 집단의 규칙을 인정해주고, 그것을 지킬 수 있도록 주변에서 바라봐줄 필요가 있습니다. 엄마가 보기에 비도 오고 추운 날 운동장에서 또래 집단 친구들이 다 모일 때까지 기다리는 건 여러모로 비효율적입니다. 그래서 자녀에게 앞으로는 그러지 말고 비가 오면 먼저 교실에 들어가라고 합니다. 이때 자녀가 엄마의 말을 듣고 혼자 먼저 교실에 가 있으면, 그 아이는 또래 집단의 약속을 어긴 믿지 못할 아이가 됩니다. 그땐 또래 집단의 규칙을 지키지 않아도 된다고 말하는 것이 아니라, 규칙을 좀 더 효율적으로 바꾸도록 친구들과 이야기해보라고 하는 것이 그나마 나은 방법입니다.

Q. 사실 부모 입장에서는 내 아이가 또래 집단에 들어가도 걱정, 소외돼도 걱정일 텐데요. 선생님 생각은 어떠신가요?

제 솔직한 심정은 초등 3학년 이상인데 누군가와 놀고 싶지만 함께 놀 또래 집단이 없다면, 그것이 더 염려됩니다. 적어도 또래 집단의 아이들은 쉬는 시간이나 점심시간이면 어김없이 어떻게 놀까를 궁리하며 나름대로 즐거운 시간을 보내려 애씁니다. 그런데 또래 집단에 들어가고는 싶으나 들어가지 못하고 서성이는 아이들에게는 쉬는 시간이나 점심시간이 오히려 힘든 시간입니다. 자신이 혼자인 것은 존재감이 없기 때문이라고 여깁니다.

Q. 또래 집단에 쉽게 어울려 들어가지 못하는 아이들은 그 이유가 뭔가요?

아이마다 상황은 다 다릅니다. 일반적으로는 취미가 너무 다를 경우 그런 경향을 보이기도 합니다. 또는 사용하는 단어의 수준에 격차가 심할 때도 그렇습니다. 그리고 열등감이 작용하는 경우 또래 집단에 쉽게 어울리지 못하기도 합니다.

Q. 그럼 그런 아이들은 어떻게 해야 할까요?

또래들과 언어 능력이나 신체 능력, 사고 구조 등에서 차이가 클 경우 그 간극을 메울 수 있도록 기능을 익히게 할 필요가 있습니다. 그런 기능들을 향상하려면 옆에서 지속적으로 관찰하고 필요한 기능을 배울 수 있도록 도와주어야 하는데, 대부분은 그 시간을 내기 어려워하십니다. 그 와중에 하지 말아야 할 말씀을 하시기도 합니다.

Q. 하지 말아야 할 말이란 건 뭔가요?

다른 학생들이 배려가 없어서 너를 받아주지 않는 거라고, 나쁜 아이들이라고 말하는 겁니다. 그렇게 말하면 문제를 타인에게 넘겨버리게 됩니다. 자기 자신이 또래와 어울릴 수 있도록 무언가 수정, 보완할 생각을 아예 하지 않게 만드는 말입니다. 힘드시겠지만 자녀가 직시할 수 있도록 질문을 해야 합니다. 친구들이 그룹으로 무언가 할 때 너와 함께 하려 하지 않는 이유가 무엇이라고 생각하는지 본인의 의견을 물어보는 겁니다. 그러면 놀랍게도 대부분 그 이유를 말합니다. 내가 딱지를 잘 못 접어서, 내가 축구공을 잘 못 차서, 내가 욕을 자주 사용해서 등등을 말이죠. 그러면 그 부분에 대해 기능을 익히거나 좋은 습관으로 바꾸어줄 방법을 알려주고 격려해주면 됩니다.

Q. 또래 집단에 어울리다 보면 어른들이 모르는 용어를 사용하기도 하잖아요. 언어가 거칠어지기도 하고, 요즘엔 말을 많이 줄여서 쓰기도 하더라고요. 이건 어떻게 해야 하나요?

자기들만의 규칙이 있듯이, 자기들만의 언어를 공유합니다. 그렇게 함으로써 소속감과 유대감도 느끼고요. 누군가를 괴롭히거나 나쁜 의도를 가지고 한 말이 아니라면 모른 척 그냥 지나가주셔도 됩니다. 말투에 신경을 써서 '나쁜 말, 좋은 말' 판단하려고 하면 또래 문화를 이해하기 어렵습니다. 단지 우리 아이가 또래 문화 속에서 자신의 의사 표현을 적절하게 하고 있는지, 아이가 동화되고 있는 또래

들과 놀이를 하면서 규칙들을 어떻게 변화시키고 수정하고 있는지 물어봐주시면 됩니다.

Q. 우리 아이들이 또래 집단, 또래 문화 속에서 건전한 사회성을 익혔으면 하는 바람인데요. 초등학생들의 또래 집단에 대해 정리 말씀해주세요.

또래 집단을 형성했다는 것은 염려의 대상이기보다 일단 축하해줄 일입니다. 자기중심성을 벗어났다는 방증이기 때문입니다. 그리고 더 나아가 부모에게서 한 발자국 벗어나 타인과 관계 맺기를 했다는 의미이기도 합니다. 그래서 많은 발달심리학자들이 한 아이가 또래 집단에 참여하는 순간부터 주체적 자아가 형성되기 시작한다고 말합니다. 내 자녀가 주체적 삶을 살아가길 바란다면, 오늘부터라도 자녀의 또래 집단에 대해 불안한 시선보다 긍정적 관심을 가져주시기 바랍니다.

초등생의 진짜 속마음

ⓒ 김선호, 2020

초판 1쇄 발행 2020년 5월 28일
초판 2쇄 발행 2024년 9월 20일

지은이   김선호
펴낸이   이상훈
편집1팀   김진주 이연재
마케팅   김한성 조재성 박신영 김효진 김애린 오민정

펴낸곳   ㈜한겨레엔 www.hanibook.co.kr
등록   2006년 1월 4일 제313-2006-00003호
주소   서울시 마포구 창전로 70 (신수동) 화수목빌딩 5층
전화   02) 6383-1602~3   팩스 02) 6383-1610
대표메일   book@hanien.co.kr

ISBN   979-11-6040-387-9 03590